U0642777

社会化标注系统中
隐性知识的协同管理研究

邰杨芳◎著　贺培凤◎主审

科学技术文献出版社
SCIENTIFIC AND TECHNICAL DOCUMENTATION PRESS
·北京·

图书在版编目（CIP）数据

社会化标注系统中隐性知识的协同管理研究 / 邰杨芳著. —北京：科学技术文献出版社，2018.6

ISBN 978-7-5189-4393-7

Ⅰ.①社… Ⅱ.①邰… Ⅲ.①社会化 — 知识管理 — 研究 Ⅳ.① G302

中国版本图书馆 CIP 数据核字（2018）第 098831 号

社会化标注系统中隐性知识的协同管理研究

策划编辑：李 蕊　　责任编辑：马新娟　　责任校对：张吲哚　　责任出版：张志平

出 版 者	科学技术文献出版社	
地 址	北京市复兴路15号　　邮编 100038	
编 务 部	(010) 58882938，58882087（传真）	
发 行 部	(010) 58882868，58882870（传真）	
邮 购 部	(010) 58882873	
官 方 网 址	www.stdp.com.cn	
发 行 者	科学技术文献出版社发行　　全国各地新华书店经销	
印 刷 者	北京虎彩文化传播有限公司	
版 次	2018 年 6 月第 1 版　　2018 年 6 月第 1 次印刷	
开 本	710×1000　　1/16	
字 数	175千	
印 张	11	
书 号	ISBN 978-7-5189-4393-7	
定 价	48.00元	

版权所有　违法必究

购买本社图书，凡字迹不清、缺页、倒页、脱页者，本社发行部负责调换

前　言

　　《社会化标注系统中隐性知识的协同管理研究》基于笔者多年从事网络信息资源管理、语义检索及知识管理的理论和实践研究，在学习和借鉴国内外本领域前沿成果的基础之上编著而成。围绕社会化标注系统中隐性知识的协同管理问题，本书的研究按照理论构建、实践研究和科学评价的逻辑思路进行。

　　理论构建部分。首先探讨社会化标注系统中知识管理的协同性质，分析其知识协同机制与知识协同要素，指出社会化标注系统中主要存在的两类隐性知识：代表用户对系统中知识资源共同理解的认知维度的隐性知识和代表用户信息行为规律和兴趣偏好的行为维度的隐性知识。从协同知识创新的角度论证对系统中隐性知识的挖掘与利用问题在社会化标注系统协同化知识管理中的重要性和关键性。据此，提炼出社会化标注系统中隐性知识协同管理的内涵——"在社会化标注系统环境下，以标签技术为核心、以个人或组织的绩效最大化为目标、以信息技术为方法和手段，对隐性知识的主体和客体进行协同化管理的一套整体解决方案"。其次，围绕社会化标注系统中的知识协同过程和协同要素，分析知识协同管理的影响因素并构建了较为完善的测量指标体系，提出构建社会化标注系统中协同知识管理影响因素模型的方法，并通过实证分析得到模型参数，为社会化标注系统提高知识管理效率提供决策参考。最后，在信息行为相关理论的指导下，构建了由用户对社会化标注系统的采纳与接受行为、一般使用行为和具体信息行为 3 个模块构成的集成化的用户信息行为模型，为社会化标注系统中用户行为维度隐性知识的挖掘与利用提供理论支撑。上述 3 部分构成本书研究的理论框架，所构建的社会化标注系统中隐性知识协同管理的理论内涵及相关理论，是对现有知识管理理论的拓展和丰富，也是本书的主要创新之处。

实践研究部分。在所构建理论的指导下重点分析如何挖掘和利用社会化标注系统中认知维度与行为维度的隐性知识。对于认知维度的隐性知识，本书提出挖掘社会化标注系统中代表网络用户对知识资源的共同理解与集体智慧——知识资源语义结构的方法。首先，以用户为资源标注的标签为载体构建具有层次的标签树状结构。然后，利用以《中国汉语主题词表》为主的受控词表为标签树状结构中的标签对赋予语义关系，形成社会化标注系统中以标签表示的知识资源语义结构。利用从豆瓣读书网采集到的真实标注数据，验证了方法的可行性，指出可将挖掘出的以标签表示的知识资源语义结构应用于资源的语义导航和基于标签的语义检索。关于行为维度的隐性知识，针对其中用户的信息行为规律知识，以用户在社会化标注系统中"为资源标注标签"的标注行为为切入点，分析和发现不同群体用户标注行为的表现及存在的差异等信息行为特点及规律。同时，基于分析结果对社会化标注系统的功能设计、服务和管理等提出针对性的改善和优化策略；针对其中用户的兴趣偏好知识，提出构建以标签及其权重表示的具有层次结构的用户兴趣模型，并以此来挖掘用户的兴趣偏好，通过计算兴趣模型的相似度找出与当前用户兴趣相似的用户，按照一定的算法从兴趣相似用户标注的知识资源中抽取推荐值排在前面的一定数量的资源，形成对当前用户的推荐资源列表，实现对用户兴趣偏好知识的挖掘与利用。最后，通过实证分析验证方法的可行性和有效性。

科学评价部分。本书以社会化标注系统中的用户为决策单元，构建投入与产出指标体系，采用数据包络分析(DEA)和因子分析相结合的方法，从DEA综合效率、技术效率、规模效率3个方面评价社会化标注系统用户的协同知识管理投入产出相对有效性。在此基础上，通过实证分析说明对社会化标注系统中用户协同知识管理效率评价的方法和过程，并对评价结果进行分析和对社会化标注系统协同知识管理效率的提高提出优化策略。

全书的研究形成社会化标注系统中隐性知识管理问题的一套整体解决方案。

本书获得国家社会科学基金项目"基于框架网络本体的标签系统语义分析研究"（13TCQ030）和山西省软科学研究计划一般项目"社会化标注系统中的用户个性化医疗信息推荐研究"（2017041036-1）的支持。

本书在写作过程中得到了诸多专家、学者、同学的大力支持，山西医科大学贺培凤教授、山西大学贾君枝教授、太原理工大学陈新国教授和山西医科大学袁永旭副教授在本书的结构和内容上给予了大量指导和无私帮助，中国电子科技集团公司第三十三研究所信息工程师刘伟为本书的数据采集和分析提供了强大的软件技术支持，笔者的科研团队成员研究生秦勤、武强、郭文丽、李磊和本科生宋薇、加雪晶、卢晓荣等同学对本书的研究具有一定的贡献，并且在数据收集、整理、文字的校对等方面做了大量细致的工作。此外，科学技术文献出版社在本书的策划和写作过程中，也给予了大量的帮助与支持，在此一并表示感谢！

在本书的写作过程中参考和借鉴了许多国内外学者的研究成果，并尽可能详细地在参考文献中列出，在此对相关学者表示诚挚的感谢！本书在编写过程中因为多方面的原因可能有所疏漏，恳请读者批评、指正！

邰杨芳

2018 年 6 月于太原

目 录 ◀

第一章

绪　论

1.1　研究背景及问题的提出

1.1.1　研究背景

当今时代"知识成为唯一具有深远意义的资源",随着知识更新速度的越来越快,协同知识创新成为知识主体获取持续竞争力的主要方式,协同知识管理成为知识管理发展的新阶段。

知识可分为显性知识和隐性知识。显性知识是指可用语言、文字、数字、图表、图像、动画、音频和视频等各种信息形态清楚地表达的知识,也叫编码化知识。隐性知识是指以头脑为主要载体、难以表述清楚、隐含于过程和行动中的知识。20世纪50年代,人们已经清楚地认识到,已经成为所谓"常识"的显性知识是解决问题的重要基础,但创新中"画龙点睛"的不再是清楚表达的可直接使用的知识,而是那些尚难直接表达与共享使用的隐性知识。由于隐性知识难以模仿、描述和传播,被认为是发挥个体的创造力和提升组织竞争力最重要的因素[1]。因此,隐性知识是知识管理的核心内容,对隐性知识的管理是知识管理研究的关键问题。

隐性知识来自于经验和实践,可以被下意识地理解和应用,但是难以清楚地表达,通常通过社交互动、讲述和分享经验实现其交流与共享,进而被吸收和利用。因此,知识主体对隐性知识的共享和知识主体之间的交流互动是实现隐性知识管理的关键。知识管理平台是知识管理成功实施的重要工具和保障，其是否有利于知识的共享与交流，能否实现使不同层次的知识主体间不受时间与空间的限制，使其能够通过各种途径、方法及手段便捷地进行知识交流和互动，是隐性知识管理效率的基本前提。

当前以 Web 2.0 技术为主导的互联网社区将人们聚集在一个具有动态性和互动性的信息空间——网络社区，为组织和个人之间以知识共享和知识创新为目的交流互动提供了跨越时空的平台。社会化标注系统作为 Web 2.0 技术的典型应用，是一种向网络大众用户提供信息或知识资源分享并利用标签对资源进行标注功能的网络知识社区，不仅为隐性知识的共享提供了信息空间，其以标签为核心建立起来的用户、资源、标签等要素之间的联系，搭建了异质知识和知识主体之间进行交流互动的桥梁，为隐性知识协同管理的实现提供了平台和技术支持。

随着时间的推移和用户在社会化标注系统中分享、标注、获取知识资源并进行知识交流与互动等知识协同管理活动的不断发生，系统在累积大量可共享的知识资源的同时，也会积淀大量的网络用户为知识资源标注的标签和用户在系统中共享、标注、查询、交流、利用知识资源的信息行为数据。知识资源的标签和用户的信息行为数据，蕴含着由网络用户的认知、经验、感悟等形成的集体智慧、行为习惯、兴趣偏好等难以直接表述的隐性知识。

综上所述，以"标签技术"为核心的社会化标注系统打破了知识主体间沟通上时间和空间的壁垒，使远距离、快速的交流成为可能，其允许用户分享资源、利用标签对资源进行标注的功能，更是为隐性知识的开发和挖掘提供了极具价值的信息来源。

1.1.2　问题的提出

社会化标注系统的大众化、以用户为中心、互动性等特点有利于网络个人用户或组织对隐性知识的共享、交流，系统中积累的标签数据和用户的信息行为数据可为隐性知识的挖掘与利用提供丰富的数据源，成为实现网络环境下隐性知识协同管理的最主要工具和平台。

当前，在社会化标注系统应用于隐性知识管理的具体实践中，存在如下主要问题：一是用户共享隐性知识的主动性和积极性难以保障。用户在系统中共享知识资源、使用标签标注资源和进行交流互动的知识活动完全是用户的自愿和自由行为。用户自愿的原则可能会导致用户对社会化标注系统分享、交流和使用标签标注知识资源的积极性不高，使用户的隐性知识无法得到充分共享。二是社会化标注系统用户关于知识资源的理解和经验形成的认知隐性知识不能通过标签直接有效地表示。用户选择标签词语的自由性会由于词语的一词多义、多词同义、符号标签等现象导致标签语义的模糊、表达不准确。由于不必要遵循事先定义的词表，用户自由选用的标签词语间缺乏等级结构和语义关联。标签的词义模糊性和缺乏等级结构的平面性使得标签无法准确、全面地反映用户对社会化标注系统中知识资源的认知、理解或观点，便也不能有效揭示社会化标注系统中知识资源的内容或本质特征，无法揭示被标注了不同标签的知识资源的语义关联和语义结构。三是用户在社会化标注系统中的行为隐性知识未得到充分的重视和利用。用户访问社会化标注系统、围绕信息资源和标签进行的协同知识管理的行为数据反映用户的行为特点、规律和兴趣偏好等隐性知识，对这类隐性知识的挖掘与利用有利于社会化标注系统根据用户行为特点及规律进行功能、服务和管理上的改进，根据用户兴趣偏好及时提供其所需要的知识资源，有效弥补用户的知识缺口。上述问题的存在严重阻碍了社会化标注系统在隐性知识管理中平台和技术优势的发挥及对网络知识资源的有效开发与利用。

在理论研究方面，关注社会化标注系统中隐性知识管理问题的相关研究很少，现有的个别研究也是对社会化标注系统中隐性知识管理的局部问题进行探讨，缺乏一套适用于社会化标注系统环境的隐性知识管理理论的指导。基于协同的视角对社会化标注系统中的隐性知识管理问题进行系统化研究的相关成果则更为少见，尚未见关于社会化标注系统中知识管理的协同性、知识协同机制、系统中存在的隐性知识类型、实现对系统中隐性知识管理要解决的关键问题及其解决方案、社会化标注系统中隐性知识管理效率的评价等一系列相关问题的系统化研究成果。

在此背景下，以隐性知识管理为目标，研究社会化标注系统应如何为组织或个人提供隐性知识共享与交流的有利环境，如何促进社会化标注系统中隐性知识的转化并加以利用，如何评价社会化标注系统中协同知识管理的效率等问题，形成一套社会化标注系统中隐性知识管理的解决方案，成为当前社会化网络环境和信息技术环境下协同知识管理需要深入研究和极具价值的课题。

1.2 研究目的和意义

1.2.1 研究目的

本书的研究问题是国家社会科学基金项目"基于框架网络本体的标签系统语义分析研究"（13TCQ030）的子课题之一。研究的目的在于解决当前社会化标注系统中隐性知识协同管理的理论不足和实践中存在的用户共享隐性知识的积极性难以保障、标签不能直接表示知识资源的语义关联和语义结构及系统中的标签数据和用户行为数据没有得到充分利用等问题，形成一套有效的隐性知识管理解决方案。本书的研究旨在达成以下目标。

① 构建社会化标注系统中隐性知识管理理论体系。从社会化标注系统中知识管理的协同性出发，分析社会化标注系统中知识协同的机制与协同要素、界定社会化标注系统中蕴含的隐性知识类型、明确实现协同知识创新的机制和要解决的关键问题，结合现代知识管理理论形成社会化标注系统中隐性知识协同管理的内涵。由此展开，构建社会化标注系统中知识协同管理的影响因素模型和用户在社会化标注系统中进行知识管理活动的信息行为模型，为社会化标注系统中隐性知识管理的实践提供理论指导和决策建议。

② 挖掘与利用社会化标注系统中的隐性知识。提出挖掘与利用社会化标注系统中认知维度和行为维度隐性知识的方法并通过实证分析验证方法的可行性和有效性，以促进社会化标注系统中隐性知识的转化与转移，为提高社会化标注系统中隐性知识的协同管理效率服务。

③ 科学评价社会化标注系统中的知识管理效率。构建科学合理的指标体系，采用有效的方法评价社会化标注系统进行协同知识管理的效率并提出改进方向。

通过上述工作，初步形成社会化标注系统中隐性知识协同管理的一套整体解决方案。

1.2.2 研究意义

本书的研究具有较强的理论意义和现实意义。

（1）理论意义

丰富和深化社会化标注系统理论。本书基于知识协同理论分析社会化标注系统中知识协同的机制和参与协同的要素、基于知识管理理论分析社会化标注系统中的协同知识创新机制，论证实现协同知识创新需要解决的关键性问题，并构建了社会化标注系统中协同知识管理的影响因素模型和社会化标注环境下用户的信息行为集成化模型。将社会化标注系统理论从传统的图书情报领域延伸到广义的知识管理领域，从对知识资源的管理扩展到对知识资源、用户和用户信息行为的管理，是对当前社会化标注系统理论的深化，为社会化标注系统中的知识管理研究开辟了新的视角，丰富了社会化标注系统的研究内容。

为隐性知识管理理论的系统化提供理论借鉴。笔者通过对社会化标注系统中隐性知识协同管理内涵的解析，指出社会化标注系统中隐性知识的协同管理是"在社会化标注环境下，以标签技术为核心、以个人或组织的绩效最大化为目标、以信息技术为方法和手段，对隐性知识的主体和客体进行协同化管理的一套整体解决方案"。该理论的形成为隐性知识管理理论内涵的扩展和理论内容的系统化提供了可借鉴的方向。

（2）现实意义

本书探讨社会化标注系统中协同知识管理效率的影响因素，分析不同用户群体在社会化标注系统中的信息行为规律，揭示不同群体用户的信息行为差异并对社会化标注系统协同知识管理效率进行评价，研究的结果和结论可为社会化标注系统功能的优化、服务的个性化与精准化和管理决策提供有效的参考依据。

与此同时，书中提出挖掘代表系统中用户认知隐性知识的知识资源语义结构和代表用户行为隐性知识的用户兴趣偏好模型和将挖掘出的隐性知识分别应用于建立社会化标注系统中的资源导航和为用户推荐符合其兴趣偏好的知识资源的思路与方法，这些方法的实践应用将促进社会化标注系统中隐性知识的转化与利用，对提高社会化标注系统的知识管理效率、实现协同知识创新具有重要的作用。

1.3　国内外研究综述

协同知识管理作为知识管理发展的新阶段，以知识协同、协同知识创新为主题的协同知识管理研究已经受到国内外学者的广泛关注；隐性知识作为发挥个体创造力和提升组织竞争力的最重要因素，成为知识管理研究的核心内容和研究热点之一；社会化标注系统的出现为隐性知识提供了跨越时空的、自由开放的、高度共享与互动的协同化管理平台。但是，从整个学术界的研究情况来看，将社会化标注系统、隐性知识管理、协同知识管理结合起来的研究几乎没有，国内外的学者们大多是对三者分别进行研究。

1.3.1 协同知识管理研究进展

（1）知识协同概念的研究

自从 2002 年 Karlenzig[2] 首次提出知识协同(Knowledge collaboration)的概念以来，国内外学者从不同方面不同角度对知识协同进行了大量论述，但关于知识协同概念的研究目前仍没有统一的定义。现有文献主要从知识管理发展、知识资源整合两个角度来研究知识协同的概念。

从知识管理发展角度研究知识协同概念的代表人物有欧美学者Tuomi[3] 和 Patti[4]，他们一致认为知识协同是知识管理发展的最新阶段。国内从知识管理发展角度研究知识协同概念的代表人物佟泽华[5]认为，知识协同是指知识管理中的主体、客体、环境等达到一种在时间、空间上有效协同的状态，知识主体之间或"并行"或"串行"地协同工作，并实现在恰当的时间和场所(即空间，包括实体空间和虚拟空间)，将恰当的信息和知识传递给恰当的对象，实现知识创新的"双向"或"多向"的多维动态过程。

从知识资源整合角度出发来研究知识协同概念，其主要认为知识协同是针对知识资源的整合和创新。例如，樊治平、冯博等[6]认为知识协同是以知识创新为目标，由多个拥有知识资源的行为主体(组织、团队、个人)协同参与的知识活动过程，是组织优化整合知识资源的管理模式和战略手段；杨利军[7]认为供应链知识协同是基于供应链各节点企业之间既竞争又合作的特殊关系，供应链企业在知识获取、知识流动、知识共享等方面相互协作，使知识这一重要的战略资源在供应链上得到有效整合与配置，从而提升单个企业乃至整个供应链竞争优势的过程，李丹[8]则通过研究定义企业群的知识协同为同一产业或相关产业的关联性组织(包括企业、科研院所、政府等)在集群的协同化环境下，以知识创新为终极协同目标，融合多项知识资源和协同能力，多个协同个体参与的知识活动过程。邓卫华、易明等认为，知识协同就是通过挖掘知识资源之间的联系，进行资源的重构、整合，从而实现旧知识被重用、新知识被创造的完整过程。

（2）知识协同的过程研究

知识协同是实现知识资源整合的过程，伴随着大量的知识流动。各学者对于知识协同过程的分析主要基于在不同的组织或系统环境下，结合知识的特征，描绘出不同的知识协同过程。

曾德明、文小科等[9]将供应链知识协同过程描述为知识获取、转移、创造实现新知识的生成和创新。王聪颖、管晓东[10]等指出集群环境下的知识协同是一个"发现""创新""传播""观察"再到"发现"的闭环过程。知识协同从"发现"问题开始，进而提出"创新"的解决办法，通过拉动挤压效应在更广的范围上使创新思想"扩散"，从而集群整体得以提高，最后通过对市场的"观察"和反馈信息的收集，进一步"发现"新问题。佟泽华[5]构建了基于流程的知识协同模型，该模型包含知识协同需求、确定知识协同主题、知识协同活动、知识协同成果等几个过程。吴绍波、顾新[11]指出知识协同的一般过程是：知识链组织发现学习机会，进行知识共享、知识转移及组织学习，并运用所获取的知识，进行知识创造。

施慧斌[12]通过对知识协同的概念进行分析，将知识协同过程模型表示为四元组：知识协同环境、知识协同活动(如关联、重构、整合、碰撞、交互、共享等)、知识流(包括知识的传递、转移、内化、外化等)、知识协同的目标。还有一部分学者从企业群的角度，概括了企业群的知识协同包括知识协同的酝酿、形成、运行和终止4个阶段。其中知识协同的运行阶段由知识集聚、知识共享与交互、知识创新与应用等为主线的过程。

（3）知识协同要素研究

知识协同本质上是一种跨系统的管理体系，它所包含的管理要素构成了知识协同的内容框架，而相关运行机制是知识协同要素互动和运转的基本过程。关于知识协同的要素论有三要素说和四要素说。总体来看，对这些要素的划分角度不同，所以分类也不相同。

三要素观点主要有：Lawrence Liu[13]指出在组织维度，协同框架包括了3个要素，即人与文化、过程与治理、技术；胡昌平、晏浩[14]认为协同知识管理具体包括3个方面，即目标协同、技术协同、资源协同；黄燕[15]围绕知识、人员、知识整合过程3个要素展开知识集成过程的研究。

四要素观点主要有：沈丽宁[16]认为协同要素是包括人力协同、技术协同、资源协同和流程协同4个要素，其中人员、技术、资源和流程分别是协同知识管理的主体、手段、对象和过程；盖玲、罗贤春[17]指出知识协同包括制度、技术、流程和资源 4 个方面的协同；熊励、孙友霞[18]强调协同知识管理主要研究知识管理的协同效应，是针对管理目标、知识主体、知识客体、知识内容、知识资源、知识表达、知识行为等方面进行的复杂协同过程；佟泽华[5]认为知识协同包括四大要素——知识主体、客体、时间、环境。

（4）知识协同的研究方法

知识协同的研究方法主要包括知识网络、技术网络、社会网络与博弈分析 4 种。

1）知识网络研究方法

知识网络的研究已经屡见不鲜。国外学者 Gabriel Szulanski[19]在文献中建立了一个知识转化模型，它对在虚拟协同工作中背景信息的使用有帮助，是一个基于 Web 的协同系统。国内学者席运江[20]认为知识网络主要包括 4 种类型：知识主体间的网络、知识与知识间的网络、知识存储媒介之间的网络、多种类型的节点或关系构成的知识网络，并在研究的基础上提出知识超网络，用来帮助对知识管理活动做定性分析。梁莹、徐福缘[21]基于语义 Web 技术，运用知识网络来研究知识协同，他们提出了基于语义 Web 的企业知识协同管理框架，并分析了知识协同各层次的功能和相关技术。赵峥钧、孙鹏飞等[22]基于本体语言 OWL 表示电网知识的基础上，研究了电网知识库的构建方法与架构，提出了电网知识库中本体链的概念，分析了各种知识间的协同作用机制。

2）基于技术网络的研究方法

从技术网络的角度研究知识协同的文献比较多。最有代表性的是国外学者 Foss[23]，他研究了网络组织中的知识共享与协同工作，认为虚拟网络社区内的知识协同优势是运用信息技术可以突破时间与空间的局限，让知识协同主体可以迅速找到自己需要的相关知识及相应的协同主体。

3）基于社会网络的研究方法

关于知识协同的社会网络研究方面，Swarnkar 和 Choudhary[24]研究了如何运用社会网络系统支持点对点网络知识交互、共享和协同，他们从知识主体角度出发进行研究，认为社会网络系统的应用有助于人们迅速集合所需知识及协同伙伴。梁莹[25]运用社会网络理论分析企业间知识协同关系，提出供需网企业间知识协同关系模式。也有学者从社会网络视角研究团队的知识协同情况。团队中知识协同的主体是各个具备知识资源的企业员工、顾客或者其他企业的员工，这些主体彼此间构成一个复杂的社会网络，可以根据网络结构特征激励该社会网络中的成员，加强知识主体间的关系强度，从而促进团队间的知识协同。

4）博弈分析方法

刘勇军针对供应链内企业非协同与协同2种情形进行动态博弈分析，认为供应链上各节点企业的不同策略决定了整个供应链的利润总额、交易价格和各节点企业的利润分成。供应链企业间既相互竞争又相互合作的特点决定了各主体间的协同体现为既竞争又合作。

（5）知识协同的应用研究

胡昌平等[14]通过研究，认为组织内的知识协同可以连接组织内部各部门和人员，整合组织内部知识资源，协调组织内部各类系统，使组织内部各部门长效合作，有利于促进组织内部知识管理目标的实现，对各企业具有普遍指导意义。很多学者研究知识联盟，认为知识联盟是多个组织相互合作，取长补短，创造新的知识资源，从而获得更多的联盟优势和发展机会的合作组织[26]。知识联盟的适用范围非常广泛，企业与企业之间[27]、企业与高校及科研院所之间[28]都可以结成联盟，也适用于虚拟企业等。

学者刘银龙[29]将知识协同应用到虚拟企业之间，认为虚拟企业最大的优势就是能够快速整合知识资源，通过整合、转移、整理、学习和创新，各成员企业的知识资源转化为虚拟企业独有的知识资源，产生协同效应，最终成为虚拟企业的竞争优势。

1.3.2 隐性知识管理研究进展

（1）隐性知识的基础理论研究

1）隐性知识的内涵与特征问题

相关的研究主要是从哲学与心理学和从管理学角度进行的探讨。美国心理学家Sternberg[30]从心理学角度对隐性知识的概念进行界定，认为隐性知识是指以行动为导向的知识，是程序性的，它的获得不需要他人帮助，它能促使个人实现自己所追求的价值目标。同时，隐性知识反映从经验中学习的能力及在追求和实现个人价值目标时所运用知识的能力。Sternberg归纳了隐性知识3个关键特征：①主要通过个人经验获得；②是程序性的、以行动为导向的知识；③对个人具有实际价值。从管理学角度探讨隐性知识主要涉及组织和个人两个层面。知识特别是隐性知识已成为企业创新的源泉，能够不断为企业带来竞争利益。一些组织理论研究者进一步扩展了隐性知识的内涵。

Nelson和Winter[31]在对企业能力的研究中，认为企业内部存在着隐含性的组织知识。企业隐性知识是指存在于员工个体和企业内各级组织中难以规范化、难以言明和模仿、不易交流与共享、不易被复制或窃取、尚未编码和显性化的各种内隐性知识，同时还包括通过流动与共享等方式从企业外部有效获取的隐性知识。企业层面的隐性知识呈现出单个个体或群体所无法具有的知识特质，表现为只有企业层次才具有的企业文化、价值体系和企业惯例等，它是在对员工个体、群体和从企业外部获取的各种知识有效转化、整合和长期实践的基础上形成的。钟义信教授[32]认为，隐性知识很难用语言文字表述，由于它的非结构化和专有属性，其传播成本很高，范围也较小。隐性知识可以划分为个人隐性知识、集体隐性知识和专业隐性知识，由认知、情感、信仰、经验和技能5个要素共同组成。隐性知识是知识创新的关键，人们发现问题和解决问题的能力、掌握技术秘密的经验和判断力、决策时的前瞻性等都属于此范畴。

2）隐性知识的分类

在知识的分类研究中，将知识划分为显性知识和隐性知识的分类方法得到了普遍的认同。随着对隐性知识研究的深入，一些学者在不同的基础上对隐性知识提出了进一步的划分。尽管分类研究多种多样，但都是在对其本质属性的深刻剖析基础之上进行的，加深了对隐性知识特性的理解和把握，是隐性知识管理的基础之一。

（2）隐性知识的测量和获取

鉴于隐性知识的不确定性，其测量工作比较困难和复杂。Sternberg和Wagner[33]根据隐性知识的结构设计开发了"管理人员隐性知识量表"(Tacit knowledge inventory for managers，TKIM)，用于测试管理、销售、军事等行业人员的个人隐性知识水平。通过呈现各个相关领域可能遇到的典型情景，让被试根据给定的7点量表对处理每个情景的一系列相关选项进行等级的评估。Rchards和Busch[34]基于Sternherg等的理论，根据形式概念分析(Formal concept analysis)方法对被试在隐性知识测试中的差异进行建模分析和比较，把数据可视化，进而分析测量。马伟群、姜艳萍等[35]依据个体知识能力的特性及其表现程度，提出了一种关于个体知识能力的模糊测评方法。

知识获取就是将未经组织的文档、数据等(显性知识)和存在于人脑的经验技能(隐性知识)转化为可复用可检索的知识[36]。Koskinen和Vanharanta[37]认为Ikujiro Nonaka提出的SECI模型中的内化和社会化这两个环节可以成为知识获取的途径。夏德和程国平认为，人群实验是表象隐性知识的一种获取方法，人机辅助实验可加速白化隐性知识的提炼，现场观摩、实验法、传帮带并辅之统计方法可以有效获取灰色隐性知识。何晓红[38]提出，建立隐性知识转化平台、建立多方位的隐性知识传播沟通方式、采取激励机制挖掘员工的隐性知识和建立学习型组织是促进隐性知识获取和转化的有效方式。

隐性知识的测量和获取是进一步利用隐性知识的基础，应大力结合系统方法和人工智能的研究成果从而提高知识获取的有效性。

1.3.3 社会化标注系统研究进展

目前关于社会化标注系统的研究主要集中在对社会化标注系统中的标签与受控词表的融合[39]、用户标注行为[40-42]、标签推荐[43-46]、资源聚合[47, 48]、标签的语义发现[49-52]、社区探测[53-56]、标签控制[57-60]等基于标签的信息组织、检索和知识挖掘等方面，并取得了一定的进展。

（1）社会化标注系统中的用户信息行为研究

关于网络用户的信息行为，国内外学者已经做了不少相关的研究。研究内容主要集中在社交网络或虚拟社区用户的信息检索或查询行为[61, 62]、信息或知识的共享行为[63-65]、信息交互行为[66-68]及信息行为的影响因素或路径分析[63, 66, 69]等方面。然而，大部分的研究是针对某一类型的信息行为做单独分析，即只对用户信息行为过程中的某一环节进行探讨的研究较多。

对于社会化标注系统中用户信息行为的研究则数量相对较少，并且由于社会化标注系统的信息组织特性，现有的研究主要聚焦在用户的标注行为[70-72]和动机[73, 74]。从过程视角对社会化标注系统中用户信息行为全面系统的研究则更少。

1）对标注动机的研究

国外Shilad Sen[75]归纳出标注行为普遍来说可以支持5种任务。①自我表达(Self-expression)：标签可以帮助用户表达个人意见。②组织行为(Organizing)：标签可以帮助用户组织个人信息资源。③学习(Learning)：帮助用户了解更多关于某个资源相关的知识。④寻找(Finding)：帮助用户找到个人想要的信息资源。⑤决策支持(Decision support)：帮助用户决定是否使用或浏览某个信息资源。Golder[76]确定了标签的7种功能，其中前5种是用来描述对象资源的属性，如来源、属性、种类、所有人、数量等，这些种类的标签可能产生于组织性动机，社会性动机或者潜在的目标受众。第6种标签类型(自引,Self-reference),反映的是向外界受众传达这种所有权的可能性意图,或者被用作个人信息管理。最后一种类型——任务组织型的标签,表明其用作个人信息组织。我国研究者李蕾和章成志[77]研制了用户标注动机量表,通过调查社会化标注系统中有过标注行为用户的标注动机,从不同性别、不同年龄、不同学历、不同职业、不同社会化标注系统使用时间及使用次数、不同标注资料类型7个方面分析比较不同背景用户标注动机的差异。

2)对标注过程的研究

Sinha[78]认为标注是一种分析过程,当用户浏览过需要标注的资源后,经过比较、衡量目标资源和候选概念之间的相似性,然后确立标签。标注行为在这个阶段中并不牵涉过滤或筛选行为,可以为目标资源标注任何数量的联想词汇。Szekely[79]甚至认为标记是一种不需要经过太多思考而将关键词归属到某个目标对象的过程。

3)标签选择的倾向和影响因素研究

国内学者魏来等[80]通过问卷调查的形式得出结论:学习者在标注网络学习资源时倾向于选择揭示资源主题特征、类型特征及使用特征的词语。贾君枝教授[81]从标签的形式、语言和功能角度对标签进行了特征分析以反映出用户选择标签的特点及其用户使用偏好。通过对美味书签Del.icio.us中的中文标签的考察,发现用户尽可能选择简单的词汇来表达资源的类型,用户使用概括性词汇高于具体性词汇,如新闻、素材这类词成为高频词。从标签频率分布图来看,这些集中在图形头部的高频词并无实际意义,而真正显示用户个性差异的是图形尾部的中低频词。

Shilad Sen[75]总结了影响选择标签的3个因素:①用户会基于过去的标注行为来使用标签,即个人意向(Personal tendency);②用户的标注行为会受到其他用户的影响,即社群影响(Community influence);③系统内置的标签选择算法(Tag selection algorithm)。他认为标签的产生和标注习惯的累积会影响用户后继的标注行为,用户所使用的标签,是用户已有知识体系中存在的一种知识,通过后继的行为去改变这种知识的代价是很高的。用户也会受到习惯支配,倾向于重复他们过去经常表现的行为。人们未来倾向使用的标签与他们过去使用的标签词汇是差不多的。另外,ShiladSen还指出,随着时间的推移,各个标签的相对比例呈现出稳态趋势,这是由用户受到其他先前标注者的标记行为所影响的。Yeung[82]和Binkowski[83]分别从不同角度对社会化标注系统做了研究，着重分析了用户标记行为产生的心理因素。国内学者潘旭伟[71]结合 Del.icio.us 中的标注数据进行了实证分析，实证结果表明：用户会不断地使用新标签来进行资源标注；利用新标签标注资源的同时通常会与大众化标签共同进行标注；用户一般会同时使用多个个性化标签和一个或少量大众化标签对资源进行标注。

4）对标注行为结果的研究

国外学者对用户标注行为结果的研究基本包括标签分布情况、标签词形特征分布、用户标签与受控词表的重叠程度等。Mathes[84]最早发现提出标签遵循负幂分布：少量的标签被大量的人使用，大量的标签只有少数人使用，更大数量的标签只有 1~2 个人使用过。Golder 和 Huberman[76]通过对社会化标注系统 Del.icio.us 的研究，从 4 个角度研究了用户标注结果：用户标签集容量变化的角度（有的增长迅速，有的则保持稳定）、用户标签容量对用户标签使用情况的影响（虽然标签集容量在增长，但是标签的使用却不尽相同）、对社会化标注产生趋势的研究（发现许多 URL 刚进入系统很快即可达到标注高峰，也有 URL 直到重新利用才达到顶峰）和标签比例的稳定性（随着用户标注次数的增加，一些标签所占比例逐渐趋于稳定）。Farooq[85]提出了一个具有 6 种衡量指标的体系（标签增长、标签重用、标签的显隐性、标签歧视、标签频率和标注方式）去描述 CiteULike 系统中的用户标注行为。

（2）社会化标注系统中知识管理效率的研究

在社会化标注系统中的知识管理效率方面，现有的研究仅体现为对个性化信息推荐的准确率[86, 87]、信息检索效率的评价[88, 89]和标签控制效果[90]等局部问题的探讨，尚未见从整个社会化标注系统角度进行的知识管理效率问题研究。

1.3.4 国内外相关研究述评

（1）知识协同研究述评

1）知识协同的基础理论研究

现有相关文献的研究主题比较分散，对知识协同的概念内涵、协同要素和相关机制等都还没有系统性的研究。存在关于知识协同的内涵阐述不统一，对知识协同与知识共享、知识转化、知识转移等概念之间的联系与区别没有一致性解读等问题。说明知识协同的研究尚处于起步阶段，其基础理论和思想体系的研究仍较为薄弱，相关认识和观点有待进一步梳理分析。

2）知识协同的应用研究

现有关于知识协同的应用研究主要分布在企业、电子商务、图书馆服务等领域，基于供应链、业务流程等进行知识协同的影响因素、产生机制、协同评价等方面的研究。这类研究中知识主体比较明确，参与知识协同的程度较高，相对于面对互联网大众的社会化标注系统更容易形成知识协同效应。通过文献分析得知，目前大部分应用研究还只是停留在理论推演水平，切实深入的应用研究较少。将知识协同理论应用于面向互联网大众的社会化标注系统的研究更少。

（2）隐性知识管理研究述评

自隐性知识和显性知识的知识分类提出后，隐性知识管理问题就成为学者和实践人员关注的重点。研究的内容主要侧重于隐性知识的属性、隐性知识转化层级及过程、影响隐性知识转移成败的因素等方面，但仍存在如下问题。

① 对于隐性知识转移的过程及机制仍属于理论探索阶段，理论缺乏系统性，没有足够的实证支持。虽然Nonaka等分别提出了自己的理论，但还存在不少理论上的难点和疑点。对于隐性知识的本质特征、分类、转化过程及机制、转化中的情境因素影响等方面，研究者的认识仍旧没有统一。理论需要进一步系统化，也有待进一步进行实证检验。

② 对隐性知识转移的定量研究过少。为了增进隐性知识转移的效果，在转移过程中如何对有效转移、吸收和保持的知识进行评估和量化非常重要。但由于隐性知识具有无形性、创新性和情境嵌入性等特点，其质和量本身难以准确衡量。目前理论界对隐性知识转移的评估或定量研究极少，在研究知识转移的效果时，也只是借助一些相关指标加以判别，缺乏足够信度和效度。

③ 对于组织知识转移特别是组织内部个体的动因的理论与实证研究较少。个体知识是组织知识的基础和源泉，个体是否愿意共享其知识及共享知识的数量与质量关系到知识转化的成败，因此个体知识的动因研究极其重要。

④ 研究方法主要是从行为学角度展开，或强调隐性知识显性化过程，或强调面对面的沟通与交流，缺乏应用信息技术和人工智能技术提高隐性知识间共享和转移的研究。

（3）社会化标注研究述评

1）社会化标注系统中用户标注行为研究

关于用户标注动机，国内外的研究通过问卷调查和对系统中已有标签的分析总结出用户标注动机及动机的差异性。但是研究比较分散,对动机类型的总结不全面,研究不充分,尚未有系统化的研究。现有研究着重从标注者自身信息需求和信息组织出发进行,缺乏标注者与其所处的社会化标注环境的交互,如社团贡献等方面的研究。

用户标注行为过程的相关研究较少,学者们认为标注过程是个简单的过程。这一点也说明了社会化标注系统的低门槛、易用性。

关于标签选择的倾向和影响因素,少量相关的研究从已有标签词形、语义方面对用户的标签选择倾向做了探讨,由于相关研究较少,尚未形成公认的结论。对标签选择的影响因素,相关研究从不同角度做了探讨,如心理学、标注环境及个人认知水平等,研究比较分散。但现有的研究结论对社会化标注系统功能的优化提供了一些启发。例如,用户对新资源添加标签时受到系统中已有标签的影响。这一结论说明当用户为资源添加标签进行标注时,如果对用户进行合适标签的推荐,用户可能选择系统推荐的标签而不用再手动输入标签。

关于标注行为结果的研究中,基于标注行为结果研究用户的信息行为较为普遍。大量的研究者结合实际标签数据对标注行为的结果进行了剖析,得到了用户使用标签的一般规律和标签的一般特征。

2)社会化标注系统中知识管理效率的研究

将社会化标注系统作为知识协同环境,应用知识协同理论探讨社会化标注系统中知识协同机制问题的研究较少,从知识协同的视角分析社会化标注系统中知识管理效率相关问题的研究则更为少见。

1.4 主要研究内容

本书研究的主要内容包括以下 7 个方面。

① 社会化标注系统中隐性知识协同管理的内涵解析。将知识协同与协同知识创新理论应用于社会化标注系统中的知识管理问题,对社会化标注系统中的知识协同和协同知识创新问题进行理论探讨,包括知识协同机制、知识协同要素、协同知识创新机制及隐性知识与显性知识转化过程四阶段的作用关系,明确社会化标注系统中蕴含的隐性知识并对其进行界定和分类,论证社会化标注系统中实现协同知识创新的关键问题——"隐性知识的挖掘与利用"。基于上述分析,构建社会化标注系统中隐性知识协同管理

的完整内涵。

② 社会化标注系统中协同知识管理的影响因素分析。从社会化标注系统的知识协同过程出发，分析知识协同活动的各环节中可能对知识协同管理产生影响的因素，构建这些因素及知识协同管理效应的测量指标体系，利用问卷调查数据分析影响因素与协同知识管理效应的相关性，得出社会化标注系统中协同知识管理的影响因素模型。

③ 社会化标注系统中用户的信息行为理论分析。在现有用户信息行为理论的基础上，结合社会化标注系统的功能和特点，基于过程的视角，分析用户利用社会化标注系统从事知识管理过程中所进行的一系列以信息为基础的行为活动，构建社会化标注环境下集成化的用户信息行为模型。

④ 社会化标注系统中认知维度隐性知识的挖掘与利用研究。基于协同的视角，以社会化标注系统中用户为资源标注的标签为核心，利用标签与资源、标签与标签之间的关联关系构建社会化标注系统中反映资源主题的标签层次结构。在此基础上，利用现有知识组织工具——受控词表抽取层次结构中标签对间的语义关系，生成代表用户对社会化标注系统中隐性认知的以标签表示的知识资源语义结构，并指出其应用领域。

⑤ 社会化标注系统中信息行为知识的挖掘与利用研究。在社会化标注系统中用户信息行为集成化模型的框架指导下，以用户的标注行为为核心，揭示不同用户群体的标注行为现状及存在的异同，并根据分析结果提出对社会化标注系统的优化建议。

⑥ 社会化标注系统中兴趣偏好知识的挖掘与利用研究。基于协同过滤的思想，以社会化标注系统中用户为其感兴趣的资源标注的标签为对象，建立以标签树表示的用户的兴趣模型。通过寻找兴趣相似的用户，为当前用户找到其可能感兴趣的资源，实现对社会化标注系统用户的个性化信息资源推荐服务。

⑦ 社会化标注系统中的协同知识管理效率评价研究。通过对用户利用社会化标注系统从事知识协同活动的投入要素和产出要素的分析，提出采用多投入多产出的数据包络分析方法（DEA）对社会化标注系统用户的协同知识管理效率进行评价的思路和流程，结合实证研究，根据分析结果提出对社会化标注系统协同知识管理有效性的改进策略。

除社会化标注系统中隐性知识协同管理的内涵解析外，书中对上述问题的研究均是在理论和方法研究的基础上进行的实证分析或实证验证。

1.5 研究方法与技术路线

1.5.1 研究方法

本书采用的主要研究方法有理论集成法、数学方法、模型化方法、实证分析法等。

（1）理论集成法

在学习、分析和梳理当前协同知识管理、隐性知识管理、社会化标注系统和信息行为相关理论的基础上，进行综合研究和演绎推理，构建了社会化标注系统中隐性知识协同管理的内涵及基本理论框架。

（2）数学方法

"只有引入数学的方法，一门学科才具有科学性"，本书采用因子分析基础上的多元线性回归方法分析社会化标注系统中协同知识管理的影响因素，采用方差分析与秩和检验的方法分析不同背景用户的信息行为差异，以聚类分析和向量空间模型表示的方法为主挖掘社会化标注系统中知识资源的语义结构和用户的兴趣偏好知识，采用DEA方法评价社会化标注系统中的协同知识管理效率。

（3）模型化方法

在对社会化标注系统中的知识协同机制、协同知识创新机制进行阐述时，本书采用了模型化的方法对之进行高度概括；对社会化标注系统中的协同知识管理影响因素、用户的信息行为等也采用了模型化的表示方法；在用户的兴趣偏好挖掘及知识资源的语义结构挖掘部分，采用了数学模型方法对用户的兴趣偏好特征及资源的特征、标签的特征进行表示和运算，旨在通过模型抓住研究问题的本质特征，对其进行高度抽象。

（4）实证分析法

实证分析法旨在对提出的理论及方法进行检验和验证，本书使用《用户对社会化标注系统的使用行为调查》问卷调查数据、从豆瓣读书网站获取的以资源为中心的标注数据和以用户为中心的标注数据3个实例数据集，对社会化标注系统中协同知识管理的影响因素问题、认知维度隐性知识和行为维度隐性知识的挖掘与利用问题、协同知识管理效率评价问题的研究中提出的模型和方法进行了正确性和可行性检验。

1.5.2　技术路线

　　本书首先围绕知识协同管理、隐性知识管理、社会化标注系统等理论做了大量文献调研，在文献梳理和对社会化标注系统的实际考察基础上抽象出科学问题：社会化标注系统中隐性知识的协同管理研究。然后，按照"提出问题→分析问题→解决问题"的思路进行社会化标注系统中隐性知识协同管理的理论与实践研究。在对具体问题的研究中，又遵循"先理论与方法探讨，后实证分析"的研究路线。具体研究内容及路线如图 1-1 所示。

　　首先是对社会化标注系统中隐性知识协同管理理论的构建研究。包括：①界定社会化标注系统中隐性知识管理的完整内涵，得出社会化标注系统中隐性知识的协同管理需要研究的主要内容及其结构；②分析系统中影响知识协同管理的因素，通过建立影响因素与知识协同效应指标体系，得出社会化标注系统协同知识管理的影响因素模型；③在信息行为理论的指导下，结合社会化标注系统中用户信息行为的特点，建构集成化的用户信息行为模型，为用户行为隐性知识的挖掘与利用提供理论支撑。其次是关于如何挖掘与利用社会化标注系统中隐性知识的实践研究。以社会化标注系统中的知识协同主体用户和客体标签为研究对象，利用用户为信息资源标注的标签和用户的信息行为数据挖掘社会化标注系统中认知维度的隐性知识和行为维度的隐性知识。具体包括：①基于社会化标注系统中标签、资源和用户之间的知识关联构建，反映用户认知维度隐性知识的以标签表示的知识资源语义结构，并指出如何利用该隐性知识；②基于社会化标注系统用户的信息行为数据分析用户的信息行为规律，揭示不同群体用户的信息行为差异，挖掘出用户的信息行为知识，并指出如何利用该隐性知识；③基于用户为资源标注过的标签挖掘用户的兴趣偏好知识，建立以标签表示的用户兴趣模型，据此为兴趣相似用户推荐其可能感兴趣的知识资源。最后是对社会化标注系统中的协同知识管理效率进行评价，并根据评价结果对社会化标注系统的功能、管理和服务提出改进方向和优化建议。

第一层级（提出问题）：

绪论及理论基础

知识协同管理理论　隐性知识管理理论　社会化标注系统理论　信息行为理论

社会化标注系统中隐性知识协同管理研究

提出问题

第二层级（理论构建 / 分析问题）：

社会化标注系统中隐性知识协同管理的内涵

社会化标注系统中的知识协同管理　社会化标注系统中的隐性知识　社会化标注系统中的协同知识创新

关键问题

协同性质　协同机制　协同要素　认知维度的隐性知识　行为维度的隐性知识　隐性知识的挖掘与利用

社会化标注系统中协同知识管理的影响因素

因素分析　指标构建　影响因素模型构建　结论建议

社会化标注系统中用户的信息行为模型

采纳与接受行为　一般使用行为　具体信息行为

分析问题

第三层级（实践研究 / 解决问题）：

社会化标注系统中认知维度隐性知识的挖掘与利用

构建标签树状结构　抽取标签语义关系　标签语义关系可视化与应用

实证分析

社会化标注系统中信息行为知识的挖掘与利用

信息行为知识挖掘目标　信息行为分析内容界定　用户信息行为差异分析

实证分析

社会化标注系统中兴趣偏好知识的挖掘与利用

构建用户兴趣模型　推荐资源的发现与建模　资源推荐算法　资源推荐效果评价

实证分析

解决问题

第四层级（科学评价）：

社会化标注系统中的协同知识管理效率评价

知识管理效率评价DEA模型　DEA评价指标体系　DEA评价流程　实证分析

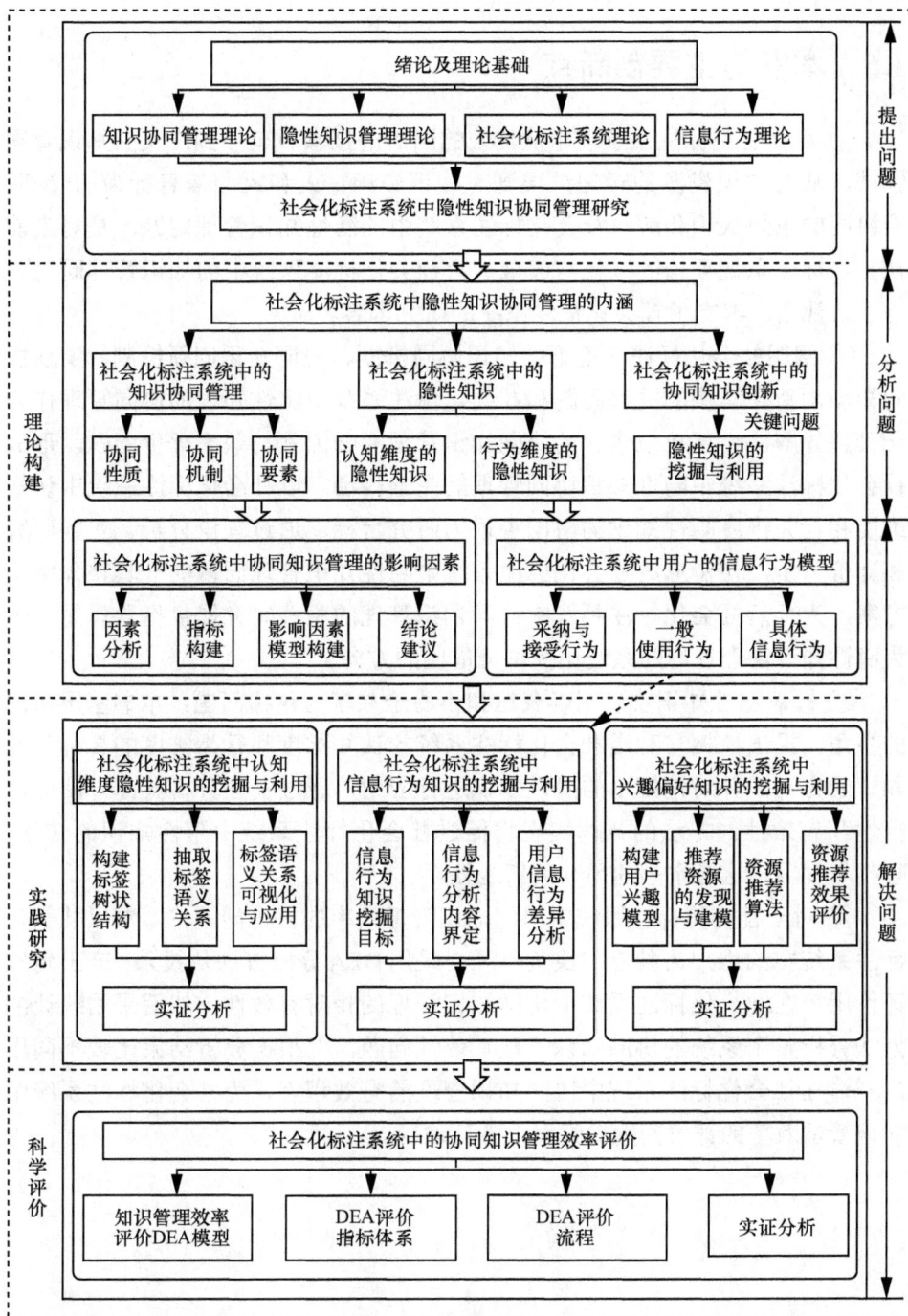

图 1-1　技术路线

1.6 本书的主要创新点

① 将社会化标注系统理论从传统的图书情报领域延伸到广义的知识管理领域，从对知识资源的管理扩展到对知识资源、人和人的信息行为的管理，用协同的思想认识和解决社会化标注系统中的隐性知识管理问题，是对当前社会化标注系统理论的深化与突破，为社会化标注系统中的知识管理研究开辟了新视角，丰富了社会化标注系统的研究内容。

② 阐明社会化标注环境下的知识协同机制、协同知识创新机制、实现协同知识创新要解决的关键问题和社会化标注系统中隐性知识的协同管理作为一套整体解决方案还应包含的协同知识管理影响因素与效率评价问题，形成社会化标注系统中隐性知识协同管理的完整内涵。以社会化标注系统中认知维度和行为维度隐性知识的协同管理为研究目标，通过理论分析、实践研究和评价分析，初步形成社会化标注系统中隐性知识管理问题的一套整体解决方案，为今后社会化标注系统中协同知识管理的相关研究提供指导思想，也为隐性知识管理理论的系统化提供可借鉴的方向。

③ 针对隐性知识难以明确表达和不易于共享与传播问题，本书基于协同的视角，提出挖掘与利用社会化标注系统的认知维度和行为维度的 3 种隐性知识的方法，并对挖掘出的隐性知识进行应用，通过实证分析验证方法的可行性和有效性。方法的具体实现将促进社会化标注系统中隐性知识的转化、吸收与利用，这是本书的另一创新之处。

④ 对于社会化标注系统中协同知识管理效率的评价问题，本书以社会化标注系统中的用户为独立的决策单元，采用 DEA 分析方法从投入 - 产出角度评价用户在社会化标注系统中协同知识管理的相对有效性，然后采用统计的方法分析整个系统的协同知识管理有效性问题，并根据分析结果比较不同用户群体在社会化标注系统中协同知识管理的有效程度，为社会化标注系统中知识管理效率的评价问题探索出一条新途径。

第二章

理论基础

2.1 协同知识管理理论

2.1.1 知识管理的概念

关于知识管理，目前还没有一个统一的定义，国内外学者从不同角度对知识管理做出了不同的定义。概括起来可归结为 3 个学派：行为学派、技术学派和综合学派[91]。

行为学派认为，"知识管理就是对人的管理"。知识等于"过程"，是一个对不断改变着的技能等一系列复杂的、动态的安排。技术学派认为，"知识管理就是对信息的管理"。知识等于"对象"，并可以在信息系统中被标识和处理。综合学派则认为，"知识管理不但要对信息和人进行管理，还要将信息和人连接起来进行管理。知识管理要将信息处理能力和人的创新能力相互结合，增强组织对环境的适应能力"。

由于综合学派能用系统、全面的观点实施知识管理，强调知识管理是组织的一套整体解决方案，其观点在企业界受到较为广泛的认可。具有代表性的学者及观点有以下几方面。

①Arthur Andersen[92]认为知识管理可用公式（2-1）的形式表现：

$$KM=（P+K）^S \tag{2-1}$$

式中：KM代表知识管理架构；P代表人，也就是知识的载体；K代表知识，广泛地说，指各种层次的数据、信息、知识、智慧等；+代表信息技术，信息技术协助知识管理的架构；（$P+K$）代表利用信息技术将知识与人联结起来；S代表分享。公式的整体含义：组织知识的累积，必须通过科技将人与知识充分结合，且在分享的组织文化下达到乘方级的效果。Arthur Andersen 公司指出，能够有效运用知识才能称为知识管理，其对知识管理的分类为：知识的汇集与利用、发掘问题与运用知识以解决问题、组织学习与累积知识、革新与创建知识。

② 艾莉[93]认为"知识管理是将组织中的内隐知识转化成外显知识以利于更新、分享与补充的过程，也就是研究知识如何形成及人类如何学习善用知识，将现有知识最大限度地转化为生产力"。

笔者比较支持综合派的知识管理观点，认为现代知识管理是以信息为基础的管理，强调利用现代信息技术的方法和手段实现对知识和人的管理，将个人或组织中的隐性知识转化成显性知识以便传播、共享、更新和应用，实现个人或组织绩效最大化。

2.1.2　知识协同的概念

协同(Synergy)在现代汉语词典里的解释是"各方互相配合"。

Karlenzig 最早基于商务协同的视角提出知识协同的概念，认为知识协同是一种组织战略方法，可以动态集结内部和外部系统、商业过程、技术和关系(社区、客户、伙伴、供应商)，以最大化商业绩效[2]。Patti 和 Tuomi 分别从知识管理的视角，将知识协同看作知识管理的协同化发展阶段。在该阶段，知识管理把边界知识作为处理的重点，注重跨组织的学习和知识创新过程[3]，大多数公司以协同/协作、共享、合作创新为主题，通过实践社区、学习社区、兴趣社区、目的社区等进行知识的协同和交互[4]。

2.1.3　知识协同的目标

商务协同视角的知识协同以提高组织业务绩效为目标，将知识协同视为组织提高业务能力和绩效的重要杠杆。知识管理视角的知识协同将目标定位于知识管理，将知识协同视为知识管理活动的高级形态，强调通过整合组织内外部知识资源，通过知识共享、知识集成、知识交互等协作管理方式实现知识管理效益最大化[94]。本书对社会化标注系统中隐性知识的协同管理，是以隐性知识管理效益最大化为目标的知识协同活动管理过程。

2.1.4 知识协同的特征

关于知识协同的概念虽然没有统一界定，但基本上不同的知识协同定义通常都具有以下几方面的共同特征。

（1）面向知识创新

知识协同的最主要目的是完成知识创新任务，其实质是一个协同知识创新的过程。知识创新包括原始知识创新和集成知识创新等，具体体现在管理创新、组织创新、流程创新、产品创新等多个方面。在知识协同的过程中，始终将知识资源作为运作和管理的核心。

（2）知识互补性

知识互补性是拥有知识资源的各个行为主体之间进行协同的基础，也是知识协同的重要特征。知识协同中的多个知识资源通常属于不同的行为主体，这些行为主体既是知识的提供者，也是知识的接受者。通过知识协同的方式，可以弥补各自行为主体的知识缺口或知识能力的不足，从而降低知识学习和吸收的成本。

（3）共赢性

知识协同的前提基础是所有行为主体的互利共赢。在知识协同过程中，每个行为主体不仅可以减少知识创新的运作成本，获得知识资产创造的价值，而且还能实现整体协同效应的最大化。

（4）知识协同平台支撑

知识协同平台是由计算机网络、工作系统、知识库、交互界面和支撑技术（如 Groupware、Knowledge Grid 和 Ontology 等）等构成的一种协同环境或系统平台。参与协同的各个行为主体借助知识协同平台可获得定制的知识服务，并得到最大限度的知识共享和传递，从而可以真正高效地进行协同工作。

（5）"1+1>2"的效应涌现特性

多个行为主体在协同过程中，通过知识的关联、交互、共享、碰撞、整合和激活等一系列知识活动，将使协同团队整体获得的效应大于各行为主体独立完成任务的效应之和。

2.1.5 知识协同与协同知识管理

根据对知识协同概念及目标的分析可知，知识协同既是在协同环境下的一种知识活动过程，也是对新阶段知识管理的抽象，实现知识协同的方法或手段是对知识的协同化管理，即协同知识管理。现有将协同学和知识管理学的思想、理论和方法相融合的研究文献中，出现较多的两个概念是知识协同和协同知识管理。虽然它们面向的领域和目标侧重有所不同，但其本质并无较大区别，都以实现知识管理效益最大化为直接目标。国外学者较多使用的是"知识协同"这一概念，并且是由国外学者首先提出"知识协同"概念；"协同知识管理"主要是国内学者的提法，国外学者使用较少。

笔者认同"知识协同是知识管理发展的新阶段"的观点，认为知识协同是以知识资源为核心，通过各单元间的相互作用，挖掘知识资源之间的联系，进行知识资源的重构、整合、吸收利用和新知识的创造，实现知识管理效益最大化的过程。根据该定义，知识协同的基本要素包括知识主体、知识客体、知识关联和协同环境。知识主体是参与到知识协同过程中的人的要素，知识主体受知识协同动机或知识需求的驱动进行知识资源的分享、获取、交流互动和协同创造，是驱动知识协同的根本因素；知识客体是指进入到知识协同活动中的知识资源，是知识协同的基础；知识关联是在知识的分享、互动、协作等相互作用过程中产生的知识主客体之间关系的总和，它是满足知识协同主体的知识需求，弥补知识缺口进而产生知识协同效应的前提。知识协同必须在一定的场环境下进行，这里的"场"是指知识协同发生的场所、环境，包括硬件环境、软件环境和技术环境等。

对于"知识协同"与"协同知识管理"两种不同的表述，笔者认为，两者都是在知识管理和协同工程思想的影响下发展起来的新的管理思想，都应该属于第三代知识管理的范畴。协同知识管理更多表现为一种管理理念，是在概念层面上对新阶段知识管理的抽象，而知识协同更多表现为这种理念的一种技术解决方案和实现过程，其结果都是产生知识协同效应，实现知识管理效益的最大化。

2.1.6 协同知识管理效率

"效率"一词最早由美国著名管理学家哈林顿·埃墨森（Harrington Emerson）于1907年引入管理科学领域，用于判断企业的经营管理活动和描述人们行为的合理性。

知识管理是对知识、知识创造过程和知识应用进行规划和管理的活动。知识管理活动主要包括知识获取、知识共享、知识转移、知识应用与知识创新等[95]，目的在于有效地将外部知识转化为内部知识，对知识进行全面而充分地开发利用[96]。由于知识管理具有价值实现周期长、投入和产出不明确等特点，知识管理"效率"的内涵也发生了变化，知识管理效率体现了知识活动主体投入的时间、人力、共享的知识、从事的知识劳动等与任务达成率和成员满意程度之间的关系。

通过对现有文献的梳理，基于协同的视角，本书对协同知识管理效率的定义为：知识协同主体为达成自身任务，依靠自身知识、技术及各种信息工具，以实现新的需求或价值为工作目标，在知识创新活动中体现了知识活动主体投入的时间、人力、共享的知识、从事的知识劳动等与任务达成率和成员满意程度之间的关系。

2.2　隐性知识管理理论

2.2.1　隐性知识的内涵

隐性知识又名内隐知识、缄默知识，最初是在 1958 年由英国物理化学家和哲学家迈克尔·波兰尼（Michael Polanyi）在其个人著作《个人知识》中明确提出的。从知识能否被清晰地表述和有效地转移，迈克尔·波兰尼将知识分为显性知识（Explicit knowledge）和隐性知识（Tacit knowledge）。显性知识是能够被我们以语言、符号等加以描述和表征的，可以写在具体的物质载体上并且能够大范围地传播和共享的知识。隐性知识则是高度个人化的知识，是与显性知识相对而言的概念，它存在于个人头脑中，与个人的主观经验、世界观和价值体系相联系，很难运用结构性的概念加以描述和表现，也不易传递给他人。隐性知识是另一种非常重要的知识，它与显性知识相对，虽然难以表征，但是在知识的管理和人们的实践活动中的作用是极其显著的。例如，学会游泳的人不知道自己是如何做到不沉到水底的，这体现了知识的难言性与默会性。"我们知道的多于我们所能言说的（We know more than we can tell）"，这是波兰尼从哲学的角度或者说是从认识论的角度对隐性知识的经典概括。即人类认识活动所获得知识包括了他们通过言语、文字或者符号的方式表达出来的知识，但不止这些知识[97]。

在波兰尼之后，心理学、教育学、管理学、计算机科学等不同领域的学者从各自专业领域的角度对隐性知识进行了阐述和研究。学者们对隐性知识已经形成一些共识，例如，隐性知识是存在于个人头脑中的、在特定情景下的、难以明确表述的知识，一般很少能通过他人的帮助或者环境的支持来获得，而是必须通过个人的亲自体验、实践和领悟；隐性知识与个人经验有很大的关系，而且它对一个人价值目标的实现起着至关重要的作用，因此具有实际的价值[98]。

本书认为，从管理学角度，隐性知识是存在于个体和组织中难以规范化、难以言明和模仿、不易交流与共享、也不易复制或窃取、尚未编码和显性化的各种内隐性知识。不仅包括隐含于个人或组织的认知或已编码的知识中，也存在于人的行为中，同时还包括通过交流与共享等方式从外部获取的知识；从计算机科学的角度，隐性知识是存在于人的认知和行为中，利用现有的情报检索技术无法找到的尚未编码和显性化知识。无论是从何种角度对隐性知识的定义，隐性知识都是以人脑为主要载体、难以表述清楚、隐含于过程中的知识，通过人的行为得到表现。

2.2.2　隐性知识的特征

通过文献调研，学者们对隐性知识的主要特征汇总如下（表 2-1）。

表2-1　隐性知识的主要特征[99, 100]

特征	具体描述
难以表述性	隐性知识是非语言活动的成果，不能通过语言、符号等形象化地加以表述和说明，同时具有非理性和非逻辑性的特征
个体性	隐性知识存在于个人的大脑中，是个人通过顿悟、实践活动等方式在潜移默化中获得的，因此很难通过传统方式对之进行获取与转化
随意性	隐性知识在不经意中萌发并传播，与显性知识相比具有难以捕获的特征
情境性	隐性知识的获取与转化总是依托特定的情境，是个体对情境的整体把握
相对性	隐性知识是一个相对的概念，与显性知识在一定条件下可以相互转化
文化性	与显性知识相比，隐性知识具有更为鲜明的文化特征，不同文化背景的人们往往具有不同的隐性知识体系
过程性	隐性知识是一种行动导向的知识，在主体的行为或对隐性知识的使用过程中得到体现
价值性	隐性知识是有用的知识，体现在实现组织或个人目标时的工具性价值上。目标价值越高，对达成目标的帮助就越大，这种知识也就越有用

2.2.3　隐性知识的分类

参考现有的研究文献[101-104]，根据不同的分类标准，可将隐性知识分成不同的类别。

根据知识主体的层次，隐性知识可分为个体拥有的隐性知识和组织拥有的隐性知识。个体隐性知识非常难以传播，存在于所有者的潜在素质中。组织拥有的隐性知识由于组织中的个体紧密互动和直接沟通而较易在组织内部各层次间传播，并且涌现出单个个体或群体无法具有的知识特质，即包括能被组织利用的个体或群体知识，也包括只有组织层次才具有的组织文化、惯例、团队成员的默契和协作能力等。

根据隐性知识信息的载体形态，隐性知识可划分为实物载体的隐性知识和虚拟载体的数字化隐性知识。实物载体的隐性知识信息如各种印刷型的年鉴、手册和各种光盘等检索工具；虚拟载体的数字化隐性知识信息如网上各种类型的数据库、网页、论坛、贴吧、社交网络中的信息等。

根据知识的来源，隐性知识可分为：①实践得来的知识，即在行为或过程中获得的技能性、经验性的无法清晰表达的知识；②通过各种媒体获得的知识，利用媒体与他人交互或进行任务交互而觉察、感悟或发现的隐性知识；③老师传授的知识，即通过学习和模仿而从他人那里获得的隐性知识；④除此之外，还包括在上述知识信息的基础上头脑有了灵感新创造出的隐性知识。

根据隐性知识的客观性，可将其划分为：①客观隐性知识，是指已编码存储的信息知识中隐含的但又不使用传统情报检索方法直接得到的事物运动规律；②主观隐性知识，是指依附于人脑，需要靠个人内省来把握，尚难或尚未清楚表达的，意会多于言传的或不便外传的知识，即存在于人脑之中的各种观念形态的知识；③介于主观与客观之间的隐性知识（也称为主客观交叉的隐性知识），这类隐性知识存在并融入日常工作与活动中，即植根于人的行为中，例如，在传递着的消息中、处理着的事务中、操作着的程序中所隐含的默契、约定俗成与经验教训等，但也需要人的领悟来把握。

从认知和技能的角度，可将隐性知识划分为：①通过心理活动和个性特征(如形成概念、知觉、判断或想象)的获取表现出来的包括人的需要、动机、洞察力、直觉、感悟、价值观、信念、心智模式、意志、情感、自制力等在内的认知和非智力因素构成的隐性知识；②通过行为和操作才能表现，用语言和文字难以表达，并且只有亲自学习并坚持学习才能掌握的技能、技巧、经验和诀窍等技能方面的隐性知识。

从以上研究对隐性知识的分类或结构的探讨可知，对隐性知识的分类是基于具体领域和多维度。

2.2.4　隐性知识的转化——SECI 模型

在人类未知的知识海洋中，显性知识只是浮出水面的"冰山一角"，而隐性知识则是隐藏在水面下待开采的冰山的主体，是新知识信息产生的源泉，具有极强的生命力和发展潜力，是任何事业兴旺发达的内在动力。因此，隐性知识才是知识管理的核心内容，将隐性知识显性化，通过学习、利用内化为组织和个人的显性知识并产生新的隐性知识，是知识管理的主要任务和目标。

20 世纪末，日本的管理学家野中郁次郎和竹内弘高在《创新求胜》一书中，在分析隐性知识与显性知识的特征、区别与联系的基础上，提出隐性知识与显性知识的转化关系及其模型——SECI 模型。该模型存在一个基本的前提，即不管是人的学习成长，还是知识的创新，都是处在社会交往的群体与情境中来实现和完成的。正是社会的存在，才有文化的传承活动，任何人的成长、任何思想的创新都不可能脱离社会的群体、集体的智慧。在这一前提下，野中郁次郎认为知识的创新是一个显性知识和隐性知识相互作用、相互转化的螺旋式上升过程，此过程分为 4 个阶段——社会化、外化、组合化和内隐化，最终实现个人或组织扩大知识容量和创造新知识。知识创新过程及模型如图 2-1 所示。

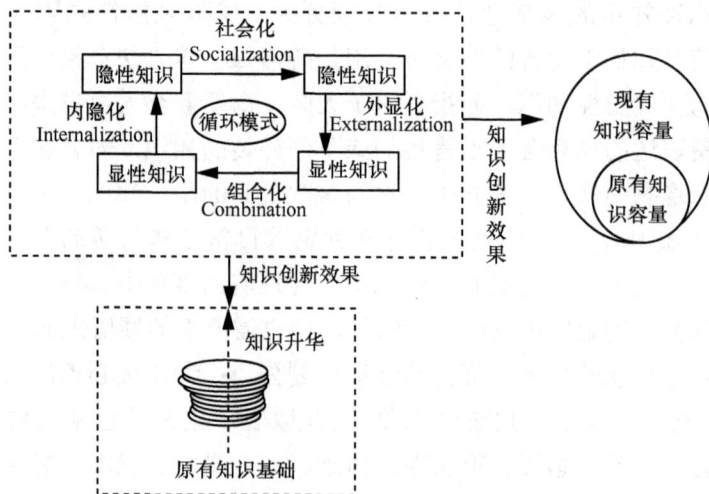

图 2-1　知识创新的 SECI 模型和知识螺旋

（1）社会化（Socialization）

社会化是指隐性知识向隐性知识的转化，即在一定的环境和氛围中，分享他人经验、产生新的隐性知识的过程。获得隐性知识的关键是观察、实践、模仿，而不是语言。

（2）外显化（Externalization）

外显化是指隐性知识向显性知识的转化，它是一个借助一定的条件将隐性知识用显性化的概念和语言清晰表达的过程，使其转化成易于共享和传播的群体知识。转化手法有隐喻、类比、概念和模型等，隐性知识外显化是知识创造过程中至关重要的环节。

（3）组合化（Combination）

组合化是指显性知识和显性知识的组合，即将清晰孤立的知识组合成复杂、系统的显性知识体系，这是SECI模型中最重要的一个过程。

（4）内隐化（Internalization）

内隐化是指将显性知识转化为隐性知识，成为个人实际能力的过程。学习者将获得的知识和经验经过反思、总结、吸收和消化，升华成自己的隐性知识。

2.2.5　隐性知识发现

在隐性知识与显性知识相互转化的知识螺旋模型中，隐性知识外显化是知识创新过程中至关重要的环节。找出隐性知识并编码表达，使之能直接方便地存储、共享、交流和利用的过程，即隐性知识的发现。它是创新的源泉与保障。

（1）隐性知识发现的定义

知识发现起源于计算机领域，美国学者Usama Fayyad将数据库知识发现（Knowledge discovery in database，KDD）定义为：从多个数据集中识别出可信的、新颖的、潜在有用的，以及最终可理解的模式的高级处理过程[105]。可信是指所发现的模式有一定的正确程度；新颖是指所发现的模式是以前所不知道的或未注意到的，是用户并没有期望得到的新的规则；潜在有用是指发现的知识对于用户的决策等行为能够提供支持；可理解是指将提取的隐含模式和知识以容易被人理解的形式表现出来[106]。

目前国内外对隐性知识发现的研究很少，隐性知识发现还没有形成一个明确的概念。根据KDD的定义可知，数据库知识发现本身就是找出隐含在各类信息源中的关于事物运动及其相互作用规律的知识的高级信息处理过程，所挖掘出的知识是通过情报检索方法无法直接检索到的，属于隐性知识中客观隐性知识的范畴。

基于上述定义和观点，作者认为知识发现本身就是以隐性知识为挖掘和研究对象。鉴于按照知识的客观性的分类，隐性知识包括主观、客观和主客观交叉的隐性知识，本书所定义的隐性知识发现比数据库知识发现（KDD）有了更广泛的内涵：隐性知识发现是指将存在于人脑中和植根于人的行为中的难以表达和共享的知识引导出来形成信息的集合，并从中识别出可信的、新颖的、潜在有用的，以及最终可理解的模式的高级处理过程。

（2）隐性知识发现的类型

按照知识主体的层次，隐性知识发现可划分为个人隐性知识发现和群体隐性知识发现。

个人隐性知识发现以隐藏于个人的头脑、惯例、行为和经验中，不易模仿、察觉的认知、灵感、技能等知识信息为分析和挖掘对象，通过各种方法将其以文字、概念、公式、图形等方式明确表达出来。

群体隐性知识发现则是依托各种形式的学习、交流方式利用各种算法和计算机技术使分散在个体中的隐性知识得到有效的挖掘和整合，形成某一群体共有的知识，反映集体的智慧。

（3）隐性知识发现的方法技术

由于隐性知识发现的信息源多样化和所涉及的学科领域的不同，隐性知识发现的方法很多。

按照隐性知识发现所使用的技术，可将隐性知识发现方法大致分为两类：基于算法的方法和基于可视化的方法。基于算法的方法是在人工智能、数据库、信息检索、统计学、模糊集和粗糙集理论等领域中发展起来的。典型的基于算法的知识发现方法包括贝叶斯理论、衰退分析、最近邻居、K-方法聚类、决策树、关联规则挖掘、遗传算法、神经网络、模糊分类和聚类、粗糙分类和规则归纳等。基于可视化的方法是在图形学、科学可视化和信息可视化等领域发展起来的，包括基于图标技术、几何投射技术、层次技术、面向像素的技术、基于图表技术和上述多种方法的混合使用技术等。

通常情况下，上述方法会结合使用，即将通过算法发掘出的隐性知识采用可视化的方法明确表达出来。

2.3 社会化标注系统理论

2.3.1 社会化标注

社会化标注是指网络信息资源组织系统吸引网络用户参与到对信息资源

的组织和标引工作中，允许用户对其所创造(发布)或使用的信息资源自由添加标签(Tag)，实现对资源的分类、并使用标签来管理和查找资源的信息组织和管理方式。

标签作为网络信息资源的元数据，是用户为网络信息资源添加的个性化标识。它与关键词不同，因为它不受词表与标引权限的限制，所添加的标签可以是词汇、句子、标点和符号等。当多个用户用不同的标签为资源做标识时，这种标注行为就具有了社会性，因而被称为社会化标注（Social tagging）。

2.3.2　社会化标注系统

从信息组织的角度，基于标签技术的信息资源管理和共享服务网站可以被看作一个社会化标注系统（Social tagging system）。社会化标注系统的实质是以互联网为平台，以用户为核心，以互联网上的各种文本、图片、网页、音频、视频等为资源，允许大众用户自由添加标签对资源进行标注、组织、归类、传播及利用的集资源、用户和标签为一体的网络信息资源组织系统。

自 2004 年最早出现的在线书签网站 Del.icio.us 向网络用户提供社会标签服务以来，各种网络信息资源系统纷纷应用标签技术吸引用户进行网络信息资源的共享、标注、交流与利用等。目前国外具有代表性的社会化标注系统（网站）有书签分享网站 Del.icio.us，图片分享网站 Flickr，视频分享网站 YouTube，书目分享网站 Bibsonomy、Connotea 和 CiteULike，电影分享网站 Last.fm 及医药卫生信息分享与交流社区 PatientsLikeMe、GetHealthyHarlem、TuDiabetes 等。在国内，豆瓣网提供对图书、电影资源的标签功能，360 个人图书馆提供网页资源的标注功能，青稞网提供医药卫生信息资源的标签功能。社交类网站如人人网、新浪博客，学术资源分享网站如百度文库、豆丁网，视频分享网站如优酷等拥有大量的注册用户，用户在网站上发布、收藏和转播信息资源，并可自由添加标签以描述资源内容和对资源分类。目前大部分基于 Web 2.0 的资源网站和社交网站都不同程度地提供社会标注功能。

2.3.3　社会化标注系统的运行机制

关于社会化标注系统的运行机制，学术界普遍认可的是社会化标注系统的三元组结构，即用户、资源和标签，如图 2-2 所示。

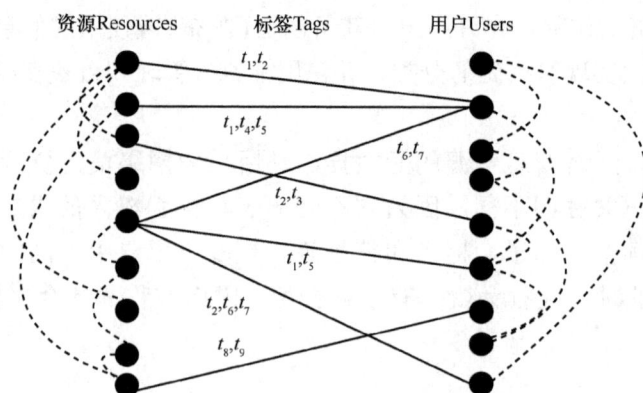

图 2-2　社会化标注系统的结构模型 [107]

一个标注系统包含资源（Resources）、用户（Users）和标签（Tags）3 个基本元素。资源是指系统收录的各种类型信息，用户是指各种资源的发布者和使用者，标签是指用户赋予特定资源的标识[107]。3 个基本元素间及元素自身间的关系构成了该系统的内在结构（图 2-2），并且这一结构随三者之间的互动而处在不断变化之中。用户为资源添加标签的行为建立了用户与资源间的关系（图 2-2 中的实线）。系统中的一条记录由一个〈资源，用户，标签〉三元组构成。用户根据自己的需要和对资源的理解可对一个资源添加一个或多个标签进行标注（图 2-2 中的标签 $t_1, t_2, t_3, \cdots, t_n$），这种关系是社会化标注系统运行的基础。用户及标签的开放性、资源的共享性使得标签有助于发现系统中资源集合和用户集合中的潜在关系：相同的标签被赋予不同的资源时，表明在用户的认识中这些资源具有某种共性，标签实现了这些资源的聚合，建立了资源之间的联系（图 2-2 中左侧的虚线）；不同用户拥有相同的标签，或者说用相同的标签标注了相同或相似的资源，说明这些用户知识体系的某种重合，通过标签帮助用户找到了具有"共同语言"的群体，建立了用户之间的社会网络关系（图 2-2 中右侧的虚线）。反过来，相互独立的标签也可能通过用户或资源产生关联：不同用户对同一资源使用了不同的标签，这些标签间可能存在语义关系。

2.3.4　社会化标注系统的基本功能

当前社会化标注系统的主要功能和服务大致可分为 5 种类型：信息组织、信息检索、信息推荐、信息分享、群组构建及其他辅助功能。

（1）信息组织

信息组织是社会标注的基本功能，包括对信息资源的描述和分类。资源描述是指社会化标注的过程。用户对信息资源添加标签的过程，实际就是用户对资源的描述（标注）过程。大众参与的社会化标注可实现对资源的多维度揭示；资源分类是社会化标注的结果。根据标签与资源的相关性，一条信息资源对应多个标签，一个标签对应多条资源，通过标签可实现信息资源的类聚。随着标注数量的增加，对资源标注的标签构成较为稳定的分类目录，反映网络大众的共识，是集体智慧的结晶。

（2）信息检索

社会化标注系统的信息检索功能包含以标签为主题的信息浏览和以标签为检索入口的标签检索功能。大多数社会化标注网站都有标签云或类似形式的标签导航服务，点击感兴趣的标签可浏览该标签对应的信息资源。标签作为一种以自然语言为基础、以揭示网络信息资源内容为目的的大众分类语言，是社会化标注系统中的一个检索途径，提供基于标签的检索服务。

（3）信息推荐

围绕标签、资源和用户三要素，当前大部分的社会化标注系统的信息推荐主要表现为提供用户标注时的标签推荐和以热门标签或标签云图的形式向用户提示热门信息或明星用户。基于用户的标签、资源及社交网络提供的个性化推荐功能当前没有较为明显的体现。

（4）信息分享

信息分享是 Web 2.0 环境下网络信息资源系统的重要目标。社会化标注功能的引入，由于用户、标签、资源都可全部（或部分）开放，使得网络信息资源管理系统中的信息资源得到更高水平的共享与交流。社会化标注系统中的用户不仅可以像在普通网站一样从中浏览或检索找到自己需要的信息资源，还可通过资源、资源的标签找到与自己有相似经历或关注相同主题的网络好友，更容易获得有价值的信息。通过对方的资源、标签和网络好友，又可以发现新的相关资源和好友，拓宽了信息资源共享的渠道和范围。

（5）群组构建

用户可以通过标注相同标签找到具有共同兴趣爱好的用户，并添加他们为好友，形成群组（虚拟朋友圈），使群组内部的知识管理成为可能。

（6）其他辅助功能

社会化标注系统还可提供资源评价、信息推送服务。资源评价允许用户对自己或他人的标注资源进行评论或评级。评论和评级是两个对资源的评价方式，前者是以文字描述资源研究内容、结论，表达用户自己的看法和观点，信息量相对比较大；后者一般是给资源打分、评定星级，或根据系统提供的选项选择被评价资源是否有用，以此显示资源对用户的价值。当前有些系统只提供一种评价功能，有的系统则二者兼备；信息推送功能通常是以电子邮件的方式向注册用户及时发送其订制的相关信息。社会化标注系统允许用户订制标签，当系统新增加被该标签标注过的资源时，用户可在短时间内收到邮件提示有新内容加入，并可收到该内容的简要信息。

2.3.5 社会化标注系统的不足之处

与传统的信息资源系统和社交网站相比，社会化标注系统基于标签的信息组织、检索、推荐、共享与相应的辅助功能，使得网络信息资源变得更加有序，增加了人际关系网络发展的新途径，使得信息资源的交流与传播更快捷。同时，社会化标注系统中积累的那些用户分享的资源、标注的标签及用户之间的交互行为等数据成为隐性知识发现的重要数据来源。

然而，由于标签的自由性而导致的社会标注在网络信息资源的组织与管理方面存在标签冗余、标签词义模糊和标签的无层次性等不足。除此之外，当前的社会化标注系统还存在对用户使用的标签缺乏有效控制、个性化信息服务不足和对系统中的标注数据利用不足的问题[108]。

2.4 信息行为理论

2.4.1 信息行为

知识是被人脑接受、处理、吸收和利用的信息，是人们在社会实践中积累起来的经验，是在对信息进行分析的基础上提供的解决方案，是将信息与资料转化为行动的能力，是一种智力成果。因此，从事知识管理活动的过程，首先是对作为知识来源的信息的需求、检索、获取、整理、加工、分析、利用、传播等一系列的信息活动，然后才能在此基础上提取出反映事物运动的状态及客观规律的知识，形成解决问题的方案或内化为信息活动主体的知识。

英国信息学家 Wilson T D 认为，信息行为是所有与信息资源和信息渠道有关的用户行为。信息行为源于用户意识到的对某种需要的认知，是指用户确定信息需求，搜集、使用和传递信息时所从事的一切活动[109]。我国学者胡昌平将信息行为定义为"主体为满足某一特定的信息需求（如科研、生产、管理等活动中的信息需求），在外部作用刺激下表现出的获取、查询、交流、传播、吸收、加工和利用信息的行为"[110]。

2.4.2 网络信息行为

随着信息资源的电子化和网络技术的兴起与发展，用户的信息行为从传统的物理环境扩展到网络环境。网络信息行为就是用户通过网络媒介进行的信息行为，即在网络环境下，用户利用网络工具进行网络信息查询、选择、吸收、利用、交流和发布的活动[111]。

用户在社会化标注系统中共享信息资源，利用标签标注信息资源，以标签为核心进行信息资源的查找、交流、获取和利用，最终提取出需要的知识并实现知识协同创新的知识管理活动，也是用户在网络环境下围绕作为知识来源的信息而进行的一系列的行为和操作活动。因此，根据 Wilson T D 的思想并结合社会化标注系统的功能及特点，笔者将社会化标注环境下用户的信息行为定义为：用户在对自身需求、社会影响和社交网络技术进行综合评估的基础上做出的使用社会化标注系统的意愿，以及由此引起的各种使用活动的总和。

2.5 小结

本章主要介绍了社会化标注系统中隐性知识协同管理的相关理论，主要包括协同知识管理理论、隐性知识管理理论、社会化标注理论和信息行为理论。重点阐述协同知识管理的概念、特征及协同知识管理与知识协同在概念上的区别与联系，详细论述隐性知识的内涵、类型、分类及隐性知识的转化模型、隐性知识发现等内容，并提出笔者所定义的概念和观点，为社会化标注系统中隐性知识管理的内涵及要解决的核心问题提供理论和技术上的支撑与指导。

第三章
社会化标注系统中隐性知识协同管理的内涵解析

3.1　社会化标注系统中的知识协同管理

3.1.1　社会化标注系统中知识管理的协同性分析

社会化标注系统作为一种新兴的网络信息资源组织和管理系统，所提供的信息资源分享和利用标签（自由关键词）标注资源的功能为虚拟环境中旧知识的共享和新知识的创造提供了物质上的准备。同时，其强调用户之间交互的 Web 2.0 特性使得系统中的用户和信息资源以标签为核心建立了联系并相互作用，为知识管理主体之间的协同知识管理提供了机制上的准备。参与到社会化标注系统中的用户既是系统中信息资源的使用者，也是信息资源的生产者和管理者。用户在系统中分享资源、标注资源，同时也获取、吸收他人共享的信息资源弥补自身的知识缺口。系统中共享的知识资源和用户为知识资源添加的标签长期积累和相互作用的结果是形成了代表用户对资源的共同理解的高频标签。高频标签一方面反映了网络用户的集体智慧，另一方面形成了对网络知识资源的较为稳定的大众分类，使网络知识资源有序化。这种网络用户集体智慧的显现和对网络知识资源的有序化组织不是个体用户独立作用的结果，而是参与到系统中的所有用户相互协作、相互作用、共同努力的成果，最终目的是通过网络知识资源的有序化组织和网络大众智慧的协同创造，实现知识管理效益的最大化。

综上所述，社会化标注系统环境下的知识管理活动以社会化标注系统为平台支撑、面向知识创新、系统中各主体互利共赢、实现知识互补和整个系统和个人知识管理效益的最大化。根据知识协同的特征（见本书第二章 2.1.4 相关内容）可知，社会化标注系统中用户的知识管理活动满足知识协同活动的所有特性，本身就是协同化的知识管理活动，即协同知识管理。根据前面关于知识协同与协同知识管理的关系辨析（见本书第二章 2.1.5 相关内容），社会化标注系统中协同知识管理活动的实施过程即为系统中各用户间的知识协同过程。

3.1.2　社会化标注系统中的知识协同机制分析

社会化标注系统作为一个开放、互动的网络知识资源组织和管理系统，为互联网用户提供了进行交流互动、知识共享的虚拟平台和环境，用户在社会化标注系统中的知识协同机制如图 3-1 左侧所示。

用户在系统管理模块通过注册进入该环境中，在知识共享和知识标注模块通过创建、共享知识资源并为知识资源添加自由标签（关键词）实现对知识资源的组织和管理。由于所有用户的资源分享和标注都互为可见，用户在知识交互模块通过浏览、转载、评论他人的资源及关注好友等方式实现与其他用户的知识交流、学习互动乃至合作创新等，这种互动行为建立了知识资源、用户、标签之间的关联，为网络用户个人或群体进行知识资源的整合、重构、吸收、利用等提供了准备条件。此外，社会化标注系统中基于标签的信息资源浏览、检索和个性化推荐等功能，可帮助用户更有效地利用系统中的知识资源和发现志趣相投的网络好友。

当某用户的知识与他人或系统中的知识存在势差时，为了弥补自身的知识缺口，用户对知识资源的整合、重构、吸收、利用等一系列的信息行为过程就被激活。随着加入到系统中的用户、知识资源和标注的标签数量的增长及这一过程的不断进行，系统中逐渐形成代表系统中用户集体智慧的高频标签或标签云图，基于协同过滤的标签、信息资源、同趣好友或兴趣社区的推荐等功能也逐步启动，它们都将推动社会化标注系统朝向更深层次的用户知识协同和知识管理效益最大化目标迈进。

3.1.3　社会化标注系统中的知识协同要素分析

在知识协同活动过程中，参与到系统中的用户形成系统中的用户集合，如图 3-1 中间部分所示；用户共享的知识资源和为资源标注的标签形成知识资源集合和标签集合；以知识资源的标签为核心形成的用户、知识资源、标签之间的互动行为和关联形成关联关系集合，具体包括标签－资源、标签－用户、用户－资源之间的关联，并由此派生出标签－标签、资源－资源，用户－用户之间的关联关系；整个过程受到社会化标注系统硬软件环境、技术环境和虚拟人际网络环境的支持。用户集、知识资源集和标签集、以标签为核心生成的关联关系集及系统环境分别对应于社会化标注系统中知识协同活动的基本要素（图 3-1 右侧）：知识主体、知识客体、知识关联和协同环境。除此之外，知识客体还应包括知识主体所拥有的技能、技巧、创意、灵感、经验等经验性知识及社区所拥有的社区文化、价值体系和惯例等团体性知识，当系统中的知识资源与用户的知识存在势差并且知识关联关系强度达到一定的阈值时，诱发知识协同过程。

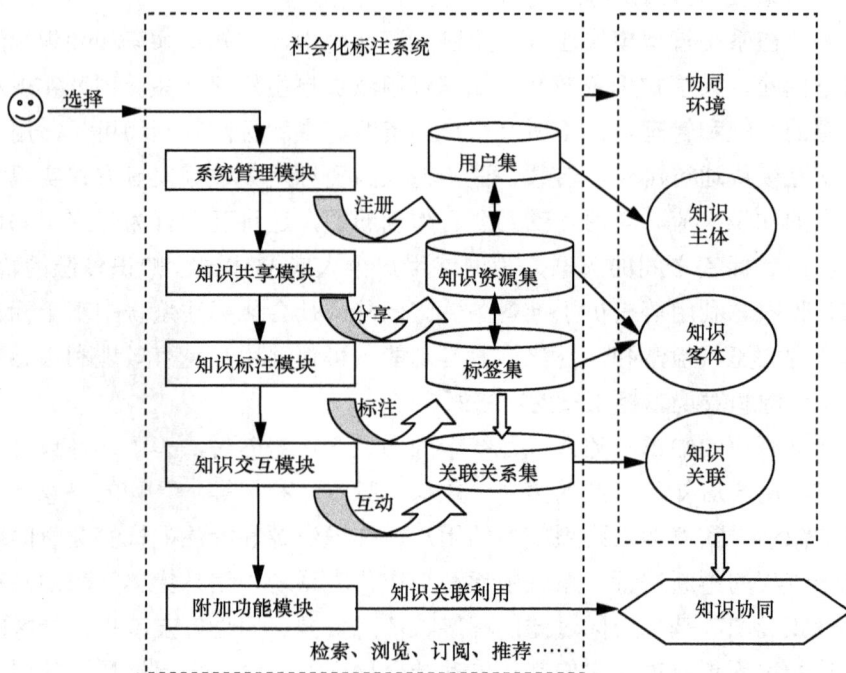

图 3-1　社会化标注系统的知识协同机制及构成要素

融合上述知识协同要素，社会化标注系统的不断运行将为系统和系统中的用户带来一定的优势或达到自身知识需求的满足和新知识的创造，即产生知识协同效应，实现知识管理效益的最大化。

3.2　社会化标注系统中的隐性知识

结合社会化标注系统的具体特点和系统中隐性知识协同管理研究的目的，参考野中郁次郎等人将隐性知识分为技能维度和认知维度[104]和英国教育学家Eraut[112]将隐性知识分为"人们对情境的隐性理解、行动中的隐性知识、支持直觉性的制定决策的隐性规则"的分类方法，本书将社会化标注系统中的隐性知识划分两个维度：认知维度和行为维度。下面对这两个维度的隐性知识进行分析和界定。

3.2.1　认知维度的隐性知识

认知维度的隐性知识由概要、心智模式和知觉组成，反映了现实的情况和未来应该的愿景。认知维度的隐性知识存在于个人头脑中，难以用文字、语言、图像等形式表达清楚。在社会化标注系统中个体用户和群体用户长期积累的通过众多的标签表达的关于某一资源或某一领域资源的认知，是个体或由个体构成的群体用户难以言明、无法明确表述的知识，其中蕴含着网络用户的集体智慧却需要挖掘开发才能有可能将其编码化和逻辑化，成为可利用的知识。

据此，社会化标注系统中认知维度的隐性知识，是指以用户为资源标注的标签为载体，以网络大众参与对资源的协同标注为条件，采用一定的信息挖掘技术和方法才能将其显性化的代表用户对知识资源的共同理解、反映网络用户集体智慧的知识，本书将其称为知识资源的语义结构。对这类知识的发现以用户在社会化标注系统中为资源标注的标签数据为挖掘对象。

3.2.2　行为维度的隐性知识

行为维度的隐性知识指通过行为和操作才能表现的行为过程中隐含的语言和文字难以表达的知识。按其属性属于客观隐性知识，其指导思想是：隐性知识以行动为导向、其获得必须通过个人亲自去体验、实践和领悟而获得，只有通过行动才可以使它们得以凸现。在社会化标注系统中，用户通过标签标注知识资源、以标签为核心进行知识资源的查找、交流、获取和利用，最终实现知识的协同创新。这一系列的信息行为过程数据和行为结果数据隐含了可能用户自己也未曾察觉到的个人或群体用户行为规律及能够反映用户行为习惯或兴趣偏好等的相关知识，这类知识难以明确表述，不能直观显示和不易传播，需要进行挖掘和开发才能将其编码化和逻辑化，成为可利用的知识。

据此，社会化标注系统中行为维度的隐性知识指用户在社会化标注系统中进行知识管理活动的信息行为中体现或隐含的知识，主要包括两大类：用户的行为规律知识和用户的兴趣偏好知识。这里的行为是指用户以信息为基础的知识管理行为，即信息行为。对用户信息行为规律知识的发现以用户在社会化标注系统中的共享、标注、检索、交流、获取和利用知识资源的信息行为过程数据为挖掘对象；对用户兴趣偏好知识的发现以用户在社会化标注系统中共享的知识资源和为这些资源标注的标签，即信息行为结果数据，为挖掘对象。

根据现有关于隐性知识分类的研究成果（见第二章 2.2.3 相关内容），隐性知识的分类标准是多维度和基于具体领域的。本书对社会化标注系统中隐性知识类型的划分反映笔者对社会化标注系统中隐性知识的认识和研究视角。即使如此，认知维度和行为维度的隐性知识也不能全面概括社会化标注系统中的所有隐性知识。例如，隐性知识还涉及用户的心理、情感、态度及与情境相关的复杂要素，这些都是隐性知识管理需要研究的课题。因水平有限，本书仅以社会化标注系统中以标签和用户信息行为为载体的、利用传统的情报学检索方法无法找到的隐性知识为研究对象，进行社会化标注系统中隐性知识协同管理问题的探讨。

3.3 社会化标注系统中的协同知识创新

社会化标注系统中的知识协同是协同知识管理理念的执行或实现，其实质是在知识共享基础上建立各协同要素之间的关联，通过知识的交流与互动进行资源的重构、整合，从而实现旧知识被重用、新知识被创造的完整过程，即协同知识创新过程。本书借助日本管理学家野中郁次郎关于隐性知识与显性知识转化关系的理论——SECI 模型对社会化标注系统中协同知识创新的过程和内在机制进行剖析，旨在认清社会化标注系统中实现协同知识创新需要解决的关键问题。

3.3.1 社会化标注系统中的协同知识创新机制

依据日本管理学家野中郁次郎关于隐性知识与显性知识转化关系的理论

（SECI模型），社会化标注系统中的用户通过知识资源标注（社会化）、基于标签的知识关联发现（外化）、基于关联的知识重构与整合（组合化）和知识创新（内隐化）4个知识转化阶段，实现隐性知识到显性知识的相互转化与知识的积累和增值，最终达到扩大知识容量和创造新知识的目标，具体实现过程及机制如图3-2所示。

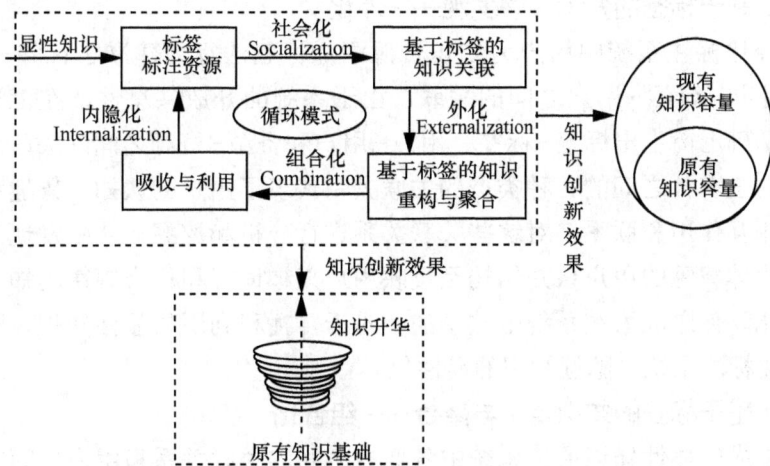

图3-2　社会化标注系统中的协同知识创新机制

（1）知识资源标注——社会化

社会化标注系统中的知识管理始于显性知识的组织与共享。用户在社会化标注系统收藏信息资源或上传自己的文字、图片等知识资源，首要目的是实现对这些知识资源的存储。为了方便今后查找和管理这些资源，用户为其标注关键词形式的自由标签，实现知识资源的有序化，即达到利用社会化标注系统组织知识资源的目的。由于社会化标注系统的开放性，用户的知识资源和标签对其他用户可见，这使得用户在存储和组织自身拥有的知识资源的同时实现了知识资源的共享。

用户为共享的显性知识资源添加标签，一方面，添加的标签代表其对资源内容认知、理解、感受、态度、与资源内容相关经验、感悟等，是用户对知识资源内容认知的浅层表达，因其具有模糊性、随意性和个性化等特点，其他用户不易理解，甚至对有的标签只可意会，无法言传。可见，标签是依附于显性知识的隐性知识，是关于显性知识的内容或语义上的认知，属于社会化标注系统中认知维度的隐性知识；另一方面，这种利用标签标注资源的行为及以此为核心引发的其他信息行为（用户对信息的浏览、检索、交流和利用等行为）中隐含了用户的信息行为规律和兴趣偏好，是社会化标注系中行为维度的隐性知识。因此，用户在社会化标注系统中共享显性知识资源和为资源标注标签的行为实现了用户认知维度和行为维度隐性知识的共享，即隐性知识的社会化。

（2）基于标签的知识关联发现——外化

社会化标注系统中用户为知识资源添加标签的行为建立了标签-资源、标签-用户、资源-用户之间的关联，由于系统的开放共享性，在上述3种关系的基础上衍生出标签-标签、用户-用户和资源-资源之间的关联。正是知识协同主客体之间的各种类型的关联关系代表了用户的认知、兴趣和行为之间的相互作用和联系，对这些关联关系进行分析和挖掘，从中发现反映网络用户集体智慧的用户认知结构及反映用户兴趣偏好和行为规律的知识并将其编码化，使之成为在系统中共享的、易于传播和利用的显性知识，即可实现社会化标注系统中隐性知识的显性化。

（3）基于标签的知识重构与聚合——组合化

新生成的显性知识通过系统中各要素之间的关联关系和用户之间的交流互动得到传播、共享。从用户的角度，对于新获取的符合自己需求的显性知识，用户通过学习将其与自己已有的知识内存组合，形成复杂、系统的显性知识，扩大了知识存量。从社会化标注系统的角度，反映系统中用户集体智慧的认知结构和反映用户兴趣和行为规律的那部分知识，经显性化后可用作系统中知识资源的导航，为系统中用户按其兴趣主题推荐最符合需求的知识资源，为对社会化标注系统的功能、服务和管理进行优化提供决策依据。对这些新生成知识的利用只有与系统中原有显性知识（知识资源、系统功能和管理制度等）聚合和重构才能完成和实现。通过新知识与原有知识的组合化，将清晰、孤立的知识组合成复杂、系统的显性知识，其效应不是孤立的显性知识的简单相加，而是生成了具有更大价值的知识。

（4）基于社会化标注系统的知识吸收与利用——内隐化

用户在利用知识和学习新知识的过程中，在人脑机能（思维）和与外界不断交互的作用下，知识被用户吸收、转化成个人的能力、经验，产生顿悟、灵感等，产生新的隐性知识，实现了知识创新。该知识创新过程不是任何个体能够独立完成的，而是在社会化标注技术、网络技术及其他信息技术作用下，社会化标注系统中的用户共同作用而实现的。

从系统化的显性知识到将其内隐化、生成个人或系统中新的隐性知识，用户和系统中的原有知识得到增值和升华。新的隐性知识进入下一轮的知识转化过程，该过程的循环往复使新知识得以不断创造和利用，组织和个人不断得到发展，组织及个人的知识容量得到提高，核心竞争力得到提升。

3.3.2　社会化标注系统中协同知识创新的关键问题

协同知识创新的 4 个阶段是一个有机的整体，它们共同构成了知识创新活动的动态过程。其中，隐性知识的共享，即用户对共享的知识资源添加标签实现隐性知识的社会化，是社会化标注系统中知识创新的基本前提；隐性知识到显性知识的外显化，即将社会化标注系统中隐含的以标签为中心的用户认知维度和行为维度的隐性知识进行编码使其成为明确表达的、易于传播和利用的显性知识，是社会化标注系统中知识创新顺利实现的关键和保障；显性知识与显性知识的组合化，即将社会化标注系统中新生成的显性知识及原有显性知识进行综合分析，使清晰、孤立的显性知识成为更为复杂、系统化的知识，是社会化标注系统中知识发展与创新的根本动力；显性知识到隐性知识的内隐化，即学习和应用社会化标注系统中经过组合、提炼、加工后形成的结构良好的系统化知识，将其内化为用户自身的知识并产生新的隐性知识，是社会化标注系统中知识创新的核心目的。

因此，作为网络知识资源协同化管理平台的社会化标注系统要得到长久发展和保持旺盛的生命力，首先需要吸引和鼓励更多的用户利用社会化标注系统共享知识资源和为知识资源添加标签，其次要能够为用户提供良好的功能和服务，使其能够在系统中准确、快速地获取到所需要的知识资源，将其凝练、总结形成条理化、系统化的知识以弥补自身知识缺口。更重要的是，需要将系统中的蕴含大量隐性知识进行显性化使其成为易于传播和共享的显性知识，并且采取有效的方法促使用户对系统化的显性知识进行有效的学习与利用，最大限度地发挥知识的价值并生成新的隐性知识，这才是利用社会化标注系统进行知识创新的关键和根本所在。

然而，在以用户为中心的社会化标注系统中，用户参与网络信息资源的共享、标注、交流和利用等协同知识管理活动均是一种自发行为，用户之间的协作也是一种松散的协作关系，这种自组织特性使得系统需要与外界进行能量交换，获得动力以改变系统中隐性知识向显性转化迟缓和用户对生成的显性知识的学习与利用低效等问题。所以，挖掘系统中蕴含的隐性知识并促进其利用，是社会化标注系统快速高效地实现协同知识创新需要解决的关键问题。

3.4　社会化标注系统中隐性知识协同管理的内涵

通过对社会化标注系统中的知识协同管理机制与协同要素、协同知识创新的过程机制与知识转化阶段和社会化标注系统中隐性知识类别的分析可知，隐性知识是协同知识创新的主要源泉。在社会化标注系统中存在大量的隐性知识，其可划分为两类：认知维度的隐性知识和行为维度的隐性知识。对隐性知识的挖掘和利用是实现知识创新的关键问题。能否有效地挖掘社会化标注系统中的隐性知识并促进其利用，将直接影响到社会化标注系统中协同知识管理的效率和社会化标注系统的兴衰成败。

基于上述分析结论并结合综合派关于知识管理的观点，本书研究的社会化标注系统中隐性知识的协同管理应是"在社会化标注系统环境下，以标签技术为核心，以个人或组织的绩效最大化为目标，以信息技术为方法和手段，对隐性知识的主体和客体进行协同化管理的一套整体解决方案"。其具体内涵包括以下几方面。

① 社会化标注系统中隐性知识的管理是社会化标注系统环境下的协同化知识管理。知识协同作为协同化知识管理的实施过程，在社会化标注系统的具体环境中，其运行机制如何，参与知识协同的要素有哪些，是该主题需要研究的主要内容。

② 社会化标注系统中隐性知识的协同管理，以协同知识创新为目标，实现个人或组织的绩效最大化。按照隐性知识与显性知识的螺旋转化模型理论，社会化标注系统环境中的显性知识资源和隐性知识资源有哪些？如何划分？在该环境下知识协同创新的实现过程或机制如何，是该主题需要弄清楚的问题。

③ 社会化标注系统中实现协同知识创新的关键问题是隐性知识的挖掘与利用。采用何种方法挖掘社会化标注系统中的各类隐性知识使其成为结构化的、易于理解的显性知识，应采用何种方式促进其利用，是该主题需要研究的重点内容。

④ 社会化标注系统中隐性知识的协同管理是关于隐性知识管理的一套整体解决方案。作为知识管理的整体解决方案，对社会化标注系统中隐性知识

的协同管理还应考虑系统中用户进行协同知识管理的影响因素和对社会化标注系统中协同知识管理效率的评价问题。

上述内容构成社会化标注系统中隐性知识协同管理的完整内涵，也正是本书研究的主要内容，具体内容及结构如图3-3所示。

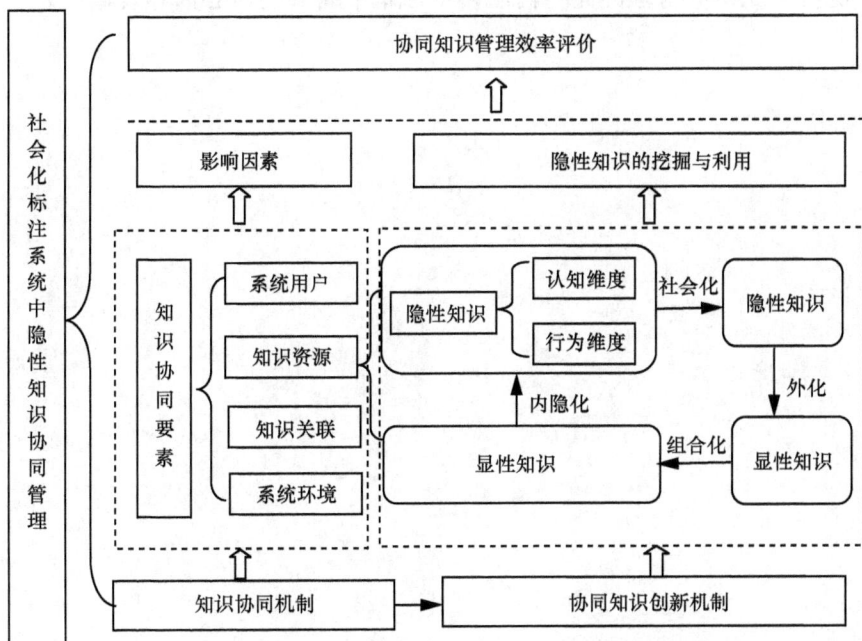

图3-3　社会化标注系统中隐性知识协同管理的内涵

3.5　小结

本章通过对社会化标注系统中的知识协同机制与协同要素、协同知识创新的过程机制与知识转化阶段的分析，可得到如下结论。

① 隐性知识是知识创新的主要源泉。在社会化标注系统中存在大量的隐性知识，可划分为两类：认知维度的隐性知识和行为维度的隐性知识。认知维度的知识代表用户对知识资源的共同理解，反映网络用户集体智慧的知识。行为维度的隐性知识是指用户在社会化标注系统中进行知识管理活动的信息行为中体现或隐含的知识，包括用户的行为规律知识和用户的兴趣偏好知识。

② 对隐性知识的挖掘和利用是实现知识创新的关键问题。能否有效地挖掘社会化标注系统中的隐性知识并促进其利用，将直接影响到社会化标注系统中协同知识管理的效率和社会化标注系统的兴衰成败。

在此基础上，结合综合派关于知识管理的观点，本章得出社会化标注系统中隐性知识协同管理的完整内涵，形成本书研究的核心内容及结构。

第四章
社会化标注系统中协同知识管理的影响因素分析

协同知识管理的目标是通过知识协同活动，产生知识协同效应，实现知识管理效益的最大化。为使用户在社会化标注系统中基于协同的知识管理活动顺利进行及实现知识管理效率的最大化，本章考察社会化标注系统中知识协同过程的各环节及参与要素，分析影响知识协同活动发生、发展和运行效果的因素及产生影响的程度，据此为社会化标注系统用户营造良好的知识协同环境，优化系统的协同服务功能，促进知识协同效应的发生和提高知识协同效率提供决策建议。

4.1 研究思路

社会化标注系统中可能存在哪些影响协同知识管理活动的因素，这些因素是否会确实对协同知识管理活动存在影响，存在什么样的影响，影响程度如何，既需要从理论方面进行研究和探讨，又需要通过实证分析进行验证。本章对社会化标注系统中协同知识管理影响因素的研究思路如图 4-1 所示。

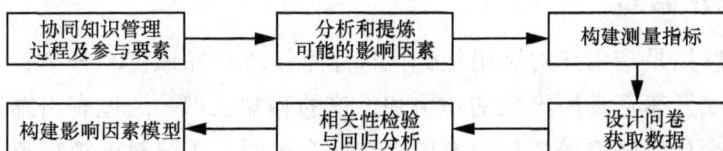

图 4-1　社会化标注系统中协同知识管理影响因素的研究思路

第一，围绕社会化标注系统中知识协同活动各环节及参与要素，考察社会化标注系统中对协同知识管理可能产生影响作用的因素。第二，构建影响因素维度和知识协同效应维度的测量指标。第三，通过问卷调查的方式获取测量指标数据。第四，对获取到的数据，采用多元统计的方法分析对影响因素变量和知识协同效应变量进行回归分析，通过变量间相关关系的显著性确定社会化标注系统中协同知识管理活动的影响因素。第五，形成社会化标注系统中协同知识管理活动的影响因素模型。从影响因素的角度探明社会化标注系统中协同知识管理活动的运行规律。

4.2　影响因素的维度分析

用户在社会化标注系统中进行协同知识管理活动，首先在标注动机的作用下选择和接纳社会化标注系统，然后利用社会化标注系统分享和标注资源，之后通过基于标签建立的知识关联和系统中的其他用户形成交流与互动关系，最终产生知识协同效应，弥补自身的知识缺口。遵循该过程顺序，本书从用户的标注动机、用户对系统的有用感知、对系统环境的要求、标注时对标签选择倾向和对知识关联的利用 5 个维度分析社会化标注系统中协同知识管理活动的影响因素。

4.2.1　标注动机

动机是推动人们从事某种活动并朝着一个方向前进的内部推动力，是为实现一定目的而行动的原因。社会化标注系统是一个开放、自由的网络知识资源管理系统，吸引用户参与到网络知识资源的社会化标注活动中，首先要考察用户利用这个社会化的平台分享、标注和管理知识资源的目的和需要是什么。本章中用户标注动机测量指标的构建借鉴了李蕾、章成志的标注动机量表[77]。

4.2.2　有用感知

有用感知是指用户对利用社会化标注系统进行知识资源分享、标签标注和与他人交互等活动所产生的作用和价值的感知认识。通过有用感知可测量用户对社会化标注系统的使用意愿。有研究表明，用户对虚拟交流平台的有用感知性与对平台的满意度呈正相关[113]。参考现有关于用户对虚拟交流平台有用感知[67, 113]或价值认知[80]等的测量指标并结合社会化标注系统的特点，本书构建了用户对社会化标注系统的有用感知测量指标。

4.2.3　环境要求

社会化标注系统是知识协同活动赖以进行的环境。环境要求是指用户在选择使用某一标注系统时对系统的性能、资源丰富度和注册用户的多少、网站内容质量和功能的易用性等方面的考虑。主要包括系统的稳定性、易用性、资源丰富性[67]及交流氛围[114]等测量指标。

4.2.4　标签选择倾向

标签体现了用户对知识资源的认知、观点、体验、情感和评价等，是用户隐性知识的外显化。对用于标注知识资源的标签的选择倾向，在一定程度上关系到用户隐性知识的显性化和共享程度；社会化标注系统中，用户标注知识资源时有多种来源标签的选择方式：根据自己的认知和喜好自定义标签、从文章标题中提取标签、借鉴他人标签和利用系统自动推荐的标签等。

4.2.5　知识关联利用

知识关联利用的实质是用户通过知识资源和标签之间的联系及由此建立起来的人与人、人与标签、标签与标签之间的关系进行交互。交互是知识协同或群体知识创造的关键[115]。社会化标注系统中基于知识关联的用户交互途径包括通过标签浏览和发现知识资源、添加同趣好友、评论他人资源、通过标签订阅或关注某主题相关的知识资源等。

4.3　知识协同效应分析

产生知识协同效应是协同知识管理活动的目标和结果。通过文献回顾发现，当前关于知识共享效率[116]、知识转移效率[117]、知识流动效率[118]等知识管理活动效率的测度主要通过对知识管理活动所产生的结果与其最大预期目标的接近程度的测量或评价来实现，如主体需求满足的程度、目标实现的程度、用户的满意程度、产生的效应水平的高低等[119]。因此，本书对知识协同效应的测度依据用户对知识协同效应发挥或实现程度的评价进行。例如，用户使用社会化标注系统后在信息资源组织、检索、利用、社交及自我效能感等方面的满足或提升程度。

4.4 测量指标的构建

4.4.1 测量指标的构建原则

在构建每个影响因素维度及知识协同效应的测量指标时，需要遵循以下原则。

（1）系统性原则

协同知识管理依据其知识协同效应产生过程中的逻辑关系可以分解为自愿参与、接受与采纳社会化标注系统、进行资源分享与标注、基于知识关联的协同互动活动、产生知识协同效应等系统化的运作过程要素。协同知识管理效应及影响因素的评价指标体系应是一个具有特定结构与功能的复杂系统，是一个由各个要素组成的具有整体目的性和内在联系性的综合体，其整体与构成部分在性质、构成方式、联结关系方面保持一种合理的结构与良好的运行状态[120]。

（2）科学性原则

各项指标应符合社会化标注系统用户进行协同知识管理的知识协同机制、协同知识创新的原理等，能较好地反映社会化标注系统中用户知识协同管理的本质。

（3）全面性原则

各项指标能比较全面、准确、系统地反映协同知识管理活动的整体情况，即尽可能全面地反映知识管理整体功能和整体结构的属性，既能反映其可言明的成分，也能反映其缄默成分。

（4）独立性原则

评价指标之间必须相互独立，不应存在包含和交叉关系。

（5）可行性原则

评价指标既要方便用户和社会化标注系统运营者进行管理操作的需要，又要符合显示和反映实际评价工作的需要。同时，指标概念要明确，指标体系所包含的指标应具有数据可获得性，计算方法简便。

（6）重点突出原则

多选择一些评价指标虽然在一定程度上可以提高评价的准确性，但是由于指标列得太多，反而会影响关键因素的作用体现。因此，设计测量指标时需要抓准协同知识管理活动的主要方面和本质特征，突出反映重点指标，用少而精的指标把要评估的内容表达出来。

4.4.2　知识协同效应及影响因素测量指标体系

基于上述原则，本书对 5 个维度的影响因素及知识协同效应的测量指标进行细化分解，构建出社会化标注系统中知识协同效应及其影响因素的测量指标体系，其中包括 40 个影响因素测量指标和 8 个协同效应测量指标。详细内容见表 4-1。

表4-1　社会化标注系统中知识协同效应及影响因素的测量指标体系

纬度	测量指标
A 标注动机	A01　方便再次找到该资源 A02　更好地整理收藏的资源 A03　向外界传达我对该资源的所有权 A04　引起别人关注该资源 A05　找到兴趣相投的朋友 A06　方便他人了解我的兴趣 A07　表达自己对该资源的看法 A08　方便他人检索到该资源 A09　为他人标注该资源提供参考 A10　帮助他人更好地了解我关注的资源 A11　帮助他人决策是否浏览该资源 A12　和他人保持联系 A13　和他人分享资源
B 有用感知	B01　有利于更有效地管理我的信息资源 B02　标签有利于今后快速地找到我的信息资源 B03　标签能帮助我发现更多的有用资源 B04　浏览他人标签促进我对所标注的资源更加了解 B05　标签有助于发现具有相同兴趣的朋友和圈子 B06　标签有助于使我受到他人的关注 B07　有助于信息资源得到更广泛传播和共享 B08　标签体现了网络用户的集体智慧

纬度	测量指标	
C 标签选择倾向	C01	参考他人为该资源添加过的标签
	C02	从系统自动推荐的标签列表中选择标签
	C03	从资源的标题中选择关键词标签
	C04	根据自己的认知为资源添加标签
D 知识关联利用	D01	通过标签云或热门标签列表浏览感兴趣的信息资源
	D02	通过标签检索需要的信息资源
	D03	通过标签找到具有相同兴趣的用户并主动添加关注
	D04	评论他人的资源
	D05	通过留言、发邮件、站内消息等方式，寻求帮助或解答他人问题
	D06	订阅自己关注的标签
	D07	阅读系统推荐的资源
E 环境要求	E01	系统的注册登录是否简单快捷
	E02	系统的安全性、稳定性和隐私性
	E03	系统中的信息资源质量和信息丰富程度
	E04	系统中的用户数量及活跃程度
	E05	用户之间的信任和友好关系
	E06	系统的界面是否友好、美观
	E07	是否可以导入收藏在其他系统中的资源
	E08	系统响应速度快
F 知识协同效应	F01	我的网络信息资源更有序了
	F02	我能更快速地查找自己收藏的信息了
	F03	我发现了很多通过直接检索找不到的有用资源
	F04	我发现了更多具有相同兴趣的好友和圈子
	F05	我从他人的标签获得了对信息资源的更多了解
	F06	我增加了知识、开阔了视野
	F07	我比以前更愿意分享、转载和评论网络信息了
	F08	通过与他人分享信息资源获得了某种成就感

4.5 社会化标注系统中协同知识管理影响因素模型的构建

首先，采用 Likert 5 分制量表的形式设计《用户对社会化标注系统的使用行为调查》问卷，以问卷调查的方式对上述知识协同效应及影响因素测量指标体系中测量指标进行测定。然后，对收集到的知识协同效应和影响因素测量指标数据分别进行因子分析，找出主要的影响因素因子和知识协同效应因子。因子分析的目的在于避免原始测量指标变量间的多重相关性，将彼此相关的测量指标变量转换为彼此独立的新变量（公因子），使新变量综合反映多个原始测量指标变量包含的主要信息。最后，对因子分析的结果进行相关和回归分析，明确社会化标注系统中协同知识管理活动的影响因素及其影响程度。

4.5.1　数据采集

通过问卷星发布《用户对社会化标注系统的使用行为调查》问卷，以QQ、微信和邮件方式发送问卷链接邀请互联网用户填写。调查从 2016 年 3 月 27 日起至 2016 年 4 月 27 日，历时 1 个月，共回收问卷 1080 份。由于研究对象为利用社会化标注系统并使用标签标注过信息资源的互联网用户，所以剔除 201 位未使用过社会化标注系统的受试者和 195 位利用社会化标注系统收藏知识资源但从不使用标签标注知识资源的受试者的无效卷，最终得到有效问卷 684 份，有效回收率为 63.33%。684 位受试者的基本情况见表 4-2。

表4-2　调查对象的基本情况

分类		人数	百分比	分类		人数	百分比
性别	男	289	42.3%	接触网络年限	1年以内	4	0.6%
	女	395	57.7%		1~2年	21	3.1%
年龄	18岁以下	3	0.4%		3~5年	160	23.4%
	18~24岁	354	51.8%		6~9年	212	31.0%
	25~40岁	235	34.4%		10年及以上	287	42.0%
	41~60岁	92	13.5%	职业	学生	334	48.8%
学历	大专及以下	82	12.0%		教育科研人员	70	10.2%
	本科	474	69.3%		管理人员	91	13.3%
	研究生及以上	128	18.7%		技术人员	71	10.4%
日均有效上网时长	2小时以内	112	16.4%		销售人员	26	3.8%
	2~4小时	255	37.3%		其他	92	13.5%
	4~8小时	230	33.6%	每周使用社会化标注系统次数	少于1次	236	34.5%
	8~12小时	69	10.1%		1~2次	184	26.9%
	12小时以上	18	2.6%		3~4次	128	18.7%
					5次及以上	136	19.9%

注：2~4小时表示上网时间大于等于2小时并且小于4小时。其余时间跨度的含义类似。

4.5.2　数据分析

（1）信度和效度分析

利用SPSS19.0数据分析软件，以Cronbach's α信度系数来检验量表及同一维度（总量表和分量表）各测量指标变量间的一致性。α系数越大，表示量表的各测量指标变量及同一纬度各测量指标变量之间的关系越强，即内部一致性越高。经检验，总量表的Cronbach's α系数为0.967，标注动机、有用感知、标签选择倾向、知识关联利用、环境要求和知识协同效率6个分量表的Cronbach's α系数均在0.79以上，说明该量表信度非常高，适合做问卷调查。

利用KMO值和Bartlett球形度检验对量表的结构效度进行判别。经因子分析，得出影响因素（表4-1中的A、B、C、D、E维度）总量表的KMO=0.961，Bartlett球形度检验的近似卡方值=23 235.071，自由度df=1128，显著性水平P=0.000；知识协同效应（表4-1中的F维度）分量表的KMO=0.913，Bartlett球形度检验的近似卡方值=3320.009，自由度df=28，显著性水平P=0.000；这说明影响因素各维度和知识协同效应维度的测量指标变量间分别具有较强的相关性，本量表的结构效度良好，适合做因子分析。

（2）因子分析

1）影响因素的因子分析

对影响因素的标注动机、有用感知、标签选择倾向、知识关联利用和环境要求5个维度的40个初始测量指标变量进行探索性因子分析，采用主成分分析和最大方差旋转方法提取出特征值大于1的5个公因子，这些公因子共同解释了总方差的62.34%（表4-3）。同时，公因子方差表中因子分析的变量的共同度都在0.4以上，说明公因子能很好地解释测量指标变量。

表4-3　影响因素因子解释的总方差

成分	初始特征值			提取平方和载入		
	合计	方差/%	累积/%	合计	方差/%	累积/%
1	15.418	38.545	38.545	15.418	38.545	38.545
2	3.913	9.783	48.329	3.913	9.783	48.329
3	2.650	6.626	54.954	2.650	6.626	54.954
4	1.598	3.994	58.949	1.598	3.994	58.949
5	1.357	3.392	62.340	1.357	3.392	62.340
6	0.999	2.497	64.837			
...	...	...	...			
40	0.185	0.463	100.000			

从表4-4各影响因素测量指标变量对提取出的5个公因子的因子载荷可看出，除测量指标C04（因子载荷为0.442）外，其余测量指标变量的因子

载荷量都在 0.5 以上，说明所提取的因子具有良好的收敛效度。第 1 个公因子包含原量表中用户对社会化标注系统的环境要求维度的所有测量指标变量E01~E08 和用户对社会化标注有用感知维度的测量指标变量B02，B03，B07，后 3 个测量指标变量分别反映用户对社会化标注系统和标签在快速查找资源、发现有用资源和共享资源方面的价值感知，从另一个角度体现了用户对社会化标注系统运行效率的要求。笔者将这些与知识协同活动赖以进行的环境（即社会化标注系统）相关的因素指标统一命名为环境因素；第 2 个公因子包含用户标注动机维度中的测量指标变量A03~A13，这些测量指标变量反映用户引起他人注意、与他人分享知识资源、观点和进行社交的需要，体现用户与他人进行知识交互、进行知识协同活动的愿望，将其命名为知识协同动机；第 3 个公因子由量表中知识关联利用维度的所有 7 个测量指标变量D01~D07 构成，仍将其命名为知识关联利用；第 4 个公因子由原量表中标签选择倾向维度的测量指标变量C01~C03（其中 C04 的因子载荷为较小0.442，剔除该指标）和用户对社会化标注系统有用感知维度的 3 个测量指标变量B04，B05，B06 构成。后 3 个测量指标内容分别是"浏览他人标签使我对资源更了解""标签有助于发现具有相同兴趣的朋友和圈子"和"标签有助于使我受到他人的关注"。可见，第 4 个公因子所包含的测量指标变量都与标签有关，涉及用户标注资源时对标签的选择方式和对标签作用（学习新知识和寻找知识协同伙伴）的认识问题，将其命名为标签因素；第 5 个公因子由原量表中用户标注动机维度的测量指标变量"A01 方便再次找到该资源""A02 更好地整理收藏的资源"和有用感知维度的测量指标变量"B01 有利于更有效地管理我的信息资源"构成，它们反映用户利用社会化标注系统进行自我知识组织和管理的需求，可将其概括为知识组织动机。

表4-4　影响因素旋转后的因子载荷矩阵

测量变量	成分					测量变量	成分				
	1	2	3	4	5		1	2	3	4	5
A01					0.681	B08				0.514	
A02					0.701	C01				0.563	
A03		0.622				C02				0.606	
A04		0.725				C03				0.517	
A05		0.736				C04	0.442				
A06		0.702				D01			0.756		

测量变量	成分					测量变量	成分				
	1	2	3	4	5		1	2	3	4	5
A07		0.67				D02			0.731		
A08		0.66				D03			0.794		
A09		0.681				D04			0.772		
A10		0.721				D05			0.802		
A11		0.616				D06			0.755		
A12		0.621				D07			0.718		
A13		0.611				E01	0.678				
B01				0.531		E02	0.768				
B02	0.588					E03	0.786				
B03	0.531					E04	0.675				
B04				0.591		E05	0.678				
B05				0.581		E06	0.684				
B06				0.525		E07	0.724				
B07	0.538					E08	0.793				

2）知识协同效应的因子分析

采用同样的方法对知识协同效应维度的 8 个测量指标变量进行因子分析，提取出 1 个特征值大于 1 的公因子，该公因子解释了总方差的 60.038%，并且该公因子的所有测量变量的因子载荷都很高（最小值为 0.767）。因此，该公因子包含了原量表中知识协同效应维度的所有测量指标变量，仍将其命名为知识协同效应。

（3）协同知识管理影响因素模型的确定

探测 5 个影响因素公因子"环境因素、知识组织动机、知识协同动机、知识关联利用和标签因素"与"知识协同效应"公因子间的关系及关系强度，首先对各影响因素公因子与知识协同效应公因子进行两两相关性分析，然后以知识协同效应公因子为因变量、以与其具有相关关系的影响因素公因子为自变量进行回归分析，得出社会化标注系统中协同知识管理的影响因素模型。

1）相关性分析

经 SPSS19.0 分析，提取出的 5 个影响因素公因子与知识协同效应公因子均呈正向相关关系，Pearson 相关系数及显著性如表 4-5 所示。

表4-5 影响因素与知识协同效应的相关分析结果

	环境因素	知识组织动机	知识协同动机	标签因素	知识关联利用
知识协同效应	0.510**	0.295**	0.399**	0.315**	0.209**

** 表示 $P \leq 0.01$。

2）回归分析

为了比较各影响因素对知识协同效应的具体作用，笔者采用逐步回归的方法进行知识协同效应与影响因素的回归分析。结果（表4-6）显示，所提取出的影响因素因子与知识协同效应因子的正向相关关系在 $P=0.01$ 水平上显著。调整后的判定系数 R^2 解释总体变异的 64.7%，说明总体拟合优度较好。

表4-6 知识协同效应与影响因素的回归分析结果

进入回归模型的顺序	标准系数 Beta	T值	显著性水平	调整后判定系数 R^2	F值
常数项	2.627E-17	0.000	1.000		
环境要素	0.510	22.406	0.000		
知识协同动机	0.399	17.541	0.000	0.647	250.926**
标签因素	0.315	13.859	0.000		
知识组织动机	0.295	12.979	0.000		
知识关联利用	0.209	9.186	0.000		

注：因变量为知识协同效应。** 表示 $P \leq 0.01$。

标准化回归系数Beta值反映了各影响因素对知识协同效应的影响程度。其中，环境要素的Beta值最大，然后依次是知识协同动机、标签因素、知识组织动机和知识关联利用。由此得出社会化标注系统中的知识协同管理影响因素模型，如图4-2所示。

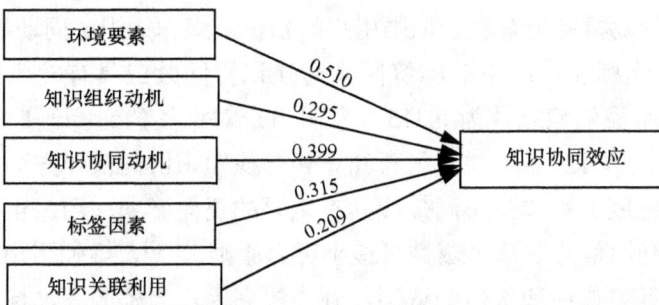

图4-2 社会化标注系统中协同知识管理效率影响因素模型

4.6 结论和建议

根据数据分析结果，可以得到如下结论并提出针对性的建议。

① 知识协同环境要素对知识协同效应具有非常明显的正向影响，路径依赖系数为 0.510。表明作为网络知识协同环境的社会化标注系统，其网站的易用性、安全性、稳定性，网站信息资源和用户资源的丰富性、功能的快捷高效性、网站中用户间的信任和友好关系等涉及网站质量、功能和人文方面的因素是用户决定是否选择某一社会化标注系统的主要因素，也是知识协同活动顺利和高效进行的保障和基础。

② 社会化标注系统中用户的知识组织动机与知识协同效应有明显的正向相关关系，路径依赖系数为 0.295。用户越是希望很好地存储和组织自己的知识资源、希望今后快速查找到自己的知识资源，就越愿意利用社会化标注系统收藏知识资源并为这些知识资源添加标签，因为标签是对网络知识资源进行有序化的重要途径。而标签是建立系统中知识关联和互动关系的核心，只有建立知识关联才可能进行知识协同活动。

③ 社会化标注系统中用户的知识协同动机与知识协同效应有非常明显的正向相关关系，路径依赖系数为 0.399。知识协同动机的强度反映用户与他人进行知识共享、知识交流、合作等知识协同活动愿望的强烈程度。其他条件相同的前提下，系统中用户的知识协同动机越强烈，知识协同效应越显著。

目前，社会化标注系统中的知识分享和知识交互完全是用户的自愿和自主行为，增强网络用户的知识组织动机一方面需要用户提高自身的信息素养，具备管理自己知识资源的意识和能力；另一方面，作为网络知识资源管理系统的社会化标注网站也有必要对网站的功能和服务进行宣传和推荐。此外，完善的激励机制也有利于加强用户的知识组织和知识协同动机。

④ 社会化标注系统中的标签因素与知识协同效应具有较为明显的正向相关关系，路径依赖系数为 0.315。表明用户对标签的选择倾向的大小和对标签在帮助了解资源内容、发现新知识和寻找知识协同伙伴方面的作用的认同都在一定程度上对知识协同效应具有重要的正向影响作用。由于人们在组织、获取和利用信息时总是遵循"最小努力原则"[121]，增强用户对标签的选择倾向和对标签作用和价值的认同，则需提高用户为资源添加标签时的便利性、强化系统基于标签的知识资源推荐和社区发现功能。

⑤ 对社会化标注系统中知识关联关系的利用与知识协同效应具有明显的正向相关关系，路径依赖系数为 0.209。表明用户频繁使用社会化标注系统中基于知识关联关系建立的服务和交互功能，如浏览标签云、利用标签检索信息资源、能过标签找到同趣好友、订阅感兴趣的标签主题资源、评论他人资源、接受系统的个性化推荐服务等，有利于促进和提高协同知识管理活动的效率。知识关联利用是用户知识协同活动实现的关键步骤，社会化标注系统应尽可能多地提供用户利用知识关联的途径并对系统中基于知识关联的功能进行优化，并以用户容易获得和便于利用的方式呈现或推送给用户。

4.7　小结

本章从知识协同活动的各环节和基本要素出发，提炼系统中可能影响知识协同效应的因素并构建了知识协同效应及其影响因素的测量指标体系。实证研究表明，所构建的指标体系与调查问卷收集到的数据具有较理想的吻合度，并据此得到社会化标注系统中协同知识管理的影响因素模型，为提高社会化标注系统中用户的协同知识管理活动的高效、顺利进行和知识协同效应的最大化提供决策参考。

第五章
社会化标注系统中认知维度隐性知识挖掘与利用

5.1 挖掘认知维度隐性知识的目标——建立知识资源的语义结构

在社会化标注系统中个体用户和群体用户长期积累的通过大量标签表达的关于某一知识资源或某一领域的知识资源的认知，是网络用户集体智慧的结晶，标注形成的标签集是对知识资源的内容或语义的揭示。但是，这种对内容或语义的表征又是模糊的或逻辑不清的，是社会化标注系统中用户关于资源的认知维度的隐性知识。这是因为社会化标注系统是一个自由、开放的知识管理平台，任何用户都可以自定义标签标注资源和共享资源，而不需要遵循一个共同的词表来表征资源的特征。其结果是导致社会化标注系统中的标签存在两个主要问题：一是标签中存在错拼、简写、歧义和无意义标签大量存在的问题；二是对于同一概念，不同用户使用不同的标签，但系统无法创建它们之间的联系，无法识别标签间的层级关系。因此，一方面，社会化标注系统的大众化和用户标注标签的自由性使得网络用户的隐性知识得以共享其中，多用户的协作方式会使系统积累大量代表网络用户集体智慧的标签集合；另一方面，标签的自由性和无层级性的特点使得系统中的标签具有无序性，不能清晰地表达代表用户集体智慧的隐性知识。用一个形象的比喻来说，标签就像是散落在地面上的树叶，我们无法知道它们之间的内在联系，就无法揭示其中隐含的知识，便也就谈不上对这些标签的有效利用。

为此，对社会化标注系统中的标签进行有序化，揭示和明确标签之间存在的联系和每种联系的具体含义，抽取由标签和标签间关系构成的复杂网络中的知识结构并将其以可理解的方式显性表示，是对社会化标注系统中用户认知隐性知识挖掘与利用的主要任务和目标。由于标签是对知识资源内容的描述和反映，标签网络的知识结构即为社会化标注系统中知识资源的语义结构。因此，挖掘社会化标注系统中认知维度的隐性知识，其目标是基于标签建立知识资源的语义结构。

5.2　知识资源语义结构的构建思路

构建社会化标注系统中知识资源的语义结构需要两个步骤。第一步是将知识资源的标签结构化。我们希望能够通过一种机制，利用用户"为资源添加标签"这一行为形成的"标签－资源""标签－标签"间的联系建立标签的结构，即建立一个由"干"和"支"构成树形体系，把散落在地上的树叶纳入体系中的相应位置，形成有序化的标签结构体系，本书将其称为标签树状结构。第二步是标签间的语义关系抽取。知识反映客观事物存在状态及其运动规律，是事物间普遍存在的联系。因此，从本质上讲，知识就是事物之间的关联[122]。标签的树状结构只是反映标签结点之间存在关联关系。这种关联关系的具体含义是什么，才是社会化标注系统中用户对知识资源隐性认知的本质。为此，我们需要分析标签之间存在的关联，并挖掘和识别标签间内在的联系及其含义，即抽取标签间的语义关系并将其显性化。

5.2.1　标签树状结构的构建思路

标签代表用户对知识资源的思想、观点、态度等方面的理解，对社会化标注系统中某一学科领域的知识资源的高频标签的统计分析，可以挖掘用户对知识资源的共同理解和认知。然而孤立的标签还不足以揭示用户对整个领域知识资源的整体认知和认知结构，即我们需要用一组一组的标签组合来反映用户对该领域资源的隐性知识主题和主题结构。为此，本章首先对社会化标注系统中一定范围内知识资源对应的高频标签进行相似性计算，根据不同标签共同标注于同一资源的频次判断标签之间的相似度。其次，采用系统聚类的方法对这些高频标签进行聚类（即将标签分组），使聚类后同一类团内的标签关系紧密，不同类团内的标签关系疏远。再次，对每个类团内的标签根据标签标注的资源数量和标签对的相似度确定该类团内作为根节点、根节点的子节点和子节点的下位节点的标签，将类团内所有标签形成一个或多个具有层次结构的树状分支。最后，对所有类团内的标签形成的若干个标签树状分支按照每个根节点与其他树状分支中节点的相似度和所标注的资源数量的多少进行嫁接，形成一棵完整的标签树状结构。

5.2.2　标签语义关系的抽取思路

构建好的标签树使标签形成了一定的层次结构，但各标签之间的语义关系尚不明确。现有的知识组织系统——受控词表在传统的信息资源的标引和检索中应用广泛，作为传统的信息资源标引和检索的规范化工具，受控词表不仅明确给出标引词汇的概念，并且对概念与概念之间的关系进行了严格的定义。因此，我们希望以这些经专家定义的受控词表中各概念词之间的具有明确语义的关系（为叙述方便，本书将受控词表中定义的语义关系称为词表语义关系）为指导框架，在将其延伸至标签的层次结构的基础上根据需要再对其进行细化。首先，在所选用的受控词表指导下定义一个较为完备的标签语义关系集合，并建立它们与受控词表中词表语义关系的对应关系（一对一和多对一的映射）。其次，根据标签树中的标签词与受控词表中的概念词的匹配情况，设定相应的规则为标签树中满足一定条件的标签对赋予词表语义关系。然后，再根据所定义的标签语义关系与词表语义关系的对应关系，并引入相应的识别规则，将标签词对间的词表语义关系转换为标签语义关系。最后，将标签语义关系抽取的结果可视化。

综合上述分析，基于标签的知识资源语义结构构建思路如图 5-1 所示。

5.3　标签树状结构的构建

5.3.1　数据准备

（1）数据采集

首先确定研究领域，选择社会化标注系统中某一领域知识资源的标注数据，包括资源名称、标注该资源的用户、该用户为资源标注的标签，形成预处理的标注数据集。

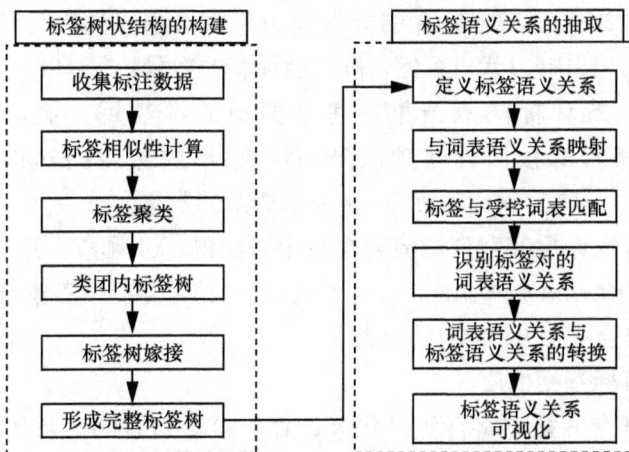

图 5-1　基于标签的知识资源语义结构构建思路

（2）数据预处理

由于标签的不规范性，在进行分析之前要对标签预处理。由于本章基于标签挖掘网络用户关于知识资源的共同认知，需要删除符号、无法识别的字母缩写等对理解资源无意义的标签，另外对连字符型和句子型的标签等进行合并、分割等处理以增强标签的规范性。

5.3.2　标签的相似性计算

本章采用基于向量空间模型的相似度计算方法测量不同标签间的相似度。

（1）标签的资源特征向量表示

向量空间模型是一种简便、高效的文本表示模型，其理论基础是代数学，是通过文本特征的选择、采用加权的方法将文本转化为数值的一种形式。构建向量空间模型的关键在于特征向量的选取和特征向量的权值计算两个部分[123]。

社会化标注系统中的标签是用户对所标注的知识资源的认知和描述。反过来，被使用了同一标签标注的资源集合就代表了标签的外延，可认为标签标注的资源集合在一定程度上实现了对标签概念的解释，并且资源被标注的频次越高，对标签概念越有解释意义。基于此理解，本章选择以标签标注的知识资源作为标签的特征向量，以资源被该标签标注的频次为权重，建立标签的以资源表示的特征向量,构建步骤如下。

第一步，确定标签集合。社会化标注系统中的被用户使用频次较高的标签反映了用户对资源的共同认知。因此，对标注数据集中标签的频次进行统计，选择频次大于某一数量的标签作为分析对象，构成高频标签集合 T，$T=\{t_1,t_2,\cdots,t_m\}$。其中，t 代表标签，m 表示标签的数量。

第二步，统计标注数据集中每个资源的标注用户数，即资源被标注的频次，将资源按被标注频次降序排列，形成标注的知识资源集合 R，$R=\{r_1,r_2,\cdots,r_n\}$。其中，r 代表资源，n 表示资源的数量。

第三步，统计标签对资源集合中每个资源的标注频次，形成标签的资源特征向量。$T=(tw_{i,1},tw_{i,2},\cdots,tw_{i,j},\cdots,tw_{i,n})$，其中，$tw_{i,j}$ 表示标签集合 T 中第 i 个标签标注资源集合中第 j 个资源的次数。

（2）计算标签相似度

通过向量空间模型将标签转化为计算机可以理解和运算的数据结构后，标签间的相似度计算就转化为对标签的资源特征向量的相似度计算。不同向量间相似程度的度量方法有很多种，主要有内积法、Dice法、Jaccard法和余弦法[124]。本章选用在文本挖掘中使用较为广泛的余弦法计算标签特征向量的相似度。

对于标签向量空间中的任意两个标签向量 $t_a=(tw_{a1},tw_{a2},\cdots,tw_{an})$ 和 $t_b=(tw_{b1},tw_{b2},\cdots,tw_{bn})$，余弦相似度计算公式为：

$$\text{sim}(t_a,t_b)=\cos\theta=\frac{\sum_{k=1}^{n}tw_{ak}tw_{bk}}{\sqrt{\sum_{k=1}^{n}tw_{ak}^2}\sqrt{\sum_{k=1}^{n}tw_{bk}^2}} \tag{5-1}$$

余弦法相似度衡量的是两个空间向量的夹角 θ，夹角余弦取值范围为 $[-1,1]$，两个空间向量的夹角 θ 越小，两个空间向量越接近于重合，相似度越大。反之，夹角 θ 越大，余弦值越小，两向量的相似度越小。

通过运算标签特征向量的余弦相似度组成一个标签的相似度（相似系数）矩阵 ST：

$$ST=\begin{pmatrix} st_{11} & \cdots & st_{1m} \\ \vdots & \ddots & \vdots \\ st_{n1} & \cdots & st_{mm} \end{pmatrix} \tag{5-2}$$

其中，$st_{ij}=\text{sim}(t_i,t_j)$。

5.3.3 标签聚类分析

标签聚类就是根据标签之间的内在相似性将标签数据集分成若干个簇或

类，使同一簇或类内的标签间相似度较大，不同簇或类的文档间相似度较小。由于聚类是一种无监督的机器学习方法，具有超强的自动化处理能力和灵活性，对聚类的类别和数量都没有事先定义，聚类后的标签划分为多少个簇团或类需要主观判断。为了使聚类的结果相对客观，本章将以资源特征表示的标签向量转换为以标签特征表示的资源向量，将标签视为资源的属性变量，采用因子分析的方法对资源的标签属性变量进行因子分析，使提取出的少数几个公因子能够反映原始属性变量的大部分信息。

（1）因子分析

因子分析前首先判断待分析数据是否适合进行因子分析，KMO是对取样适当性的度量，KMO值越高，表明变量间共同因子越多越适合做因子分析。通常来说，KMO值越接近1表明变量间共同因子越多，若KMO低于0.5说明数据不适合做因子分析。

对于KMO在适合范围的数据，采用主成分法分析方法和最大方差旋转法提取公因子，根据特征值大于1的标准，即认为每个保留下来的因子至少能够解释1个方差，确定提取出的公因子个数。

（2）标签聚类

在目前应用中，系统聚类法和K-均值聚类法是最常用的聚类方法。有研究表明K-均值聚类法聚类速度快，但是当样本量大时可行性就会降低[125]。而系统聚类（Hierarchical clustering methods）也叫分层聚类，其能够很好地处理孤立点和"噪声"数据。其基本思想是通过采用自顶向下或自底向上的方案对给定的数据集进行层次式归类。自底向上方案首先假定数据集中的每个标签属于一类，接着按距离或相似度对这些类进行合并，然后对合并的结果再合并。不断重复此过程，直到得到较好的聚类效果。自顶向下的方案则恰好相反。

本章选用组间连接法为聚类方法，以标签向量的余弦相似度作为区间度量标准对所选取的标签集进行聚类，形成多个标签类团。各标签类团内的标签具有一定的相似性，各个标签类团间的标签具有一定的相异性。

5.3.4 构建标签树

（1）类团内标签树的构建

标签聚类之后，生成的标签类团中的各标签之间关系较为紧密，但标签间仍然是平面结构，不具备一定的等级或层次，所以需要对类团内的标签构建层次结构，形成标签树。各类团的标签树实质上是构成整个数据集中标签层次结构的树状分支。

在人类的知识分类体系中，上位概念比下位概念的内涵更抽象，外延更广泛。上位概念包含了下位概念的全部外延。例如，"松树"与"落叶松"，"松树"为上位概念，"落叶松"为下位概念，"松树"的外延包含"落叶松"的全部外延，而"落叶松"的外延只是"松树"外延的一部分。根据这一概念关系的逻辑，本书假设处于上位结点的标签比处于下位结点的标签所表达的概念更抽象，上位节点标签标注的资源数（外延）也将更多。这里所说的上下位关系是广义的，没有任何语义关系。标签对的相似性在一定程度上能够反映出标签之间的关系，当两个标签的相似系数达到一定阈值时，我们认为这一对标签相似，并根据标签对中每个标签各自标注资源数的多少确定二者中的上位和下位标签。用数学表达式可表示为如下关系。

对于标签A、B，其标签A是标签B的上位节点，标签B是标签A的子节点，则A、B满足下列条件：

$$\text{sim}(A,B) \geq \lambda \text{ 且 } |A| \geq |B| \qquad (5\text{-}3)$$

其中，λ 表示标签A与标签B的相似系数，$|A|$ 表示标签A标注的资源数，$|B|$ 表示标签B标注的资源数。

基于上述假设和规则，类团标签树的构建步骤如下。

① 选择类团中标注的资源数量最大的标签为该类团中第1棵标签子树的根节点。

② 根据标签对相似性找出与根节点标签的相似性大于 λ 的标签作为其子节点的候选标签。

③ 在候选标签中，找出与根节点相似度最大的标签作为其子节点标签。

④ 以子节点为当前根节点，按照相似性大于 λ 且标注资源数小于当前标签的标注资源数的原则，即满足公式（5-3），找出当前根节点的子节点候选标签。从候选标签中选择与根节点相似度最大的标签作为其子节点。

⑤ 以此类推，直到找不出可作为当前根节点标签的子节点标签，第1棵标签子树构建完毕。

⑥ 以类团中没有加入标签子树的剩余标签为对象，按照上述方法重新构建新的标签子树。

⑦ 重复上步骤，直到该类团中的所有标签都加入到了相应的标签子树中。

（2）标签树嫁接

标签是构成类团内标签子树的元素，类团内的标签子树则是构成该类团的类团标签树的子结构，类团标签树又是整个标签集合树状结构的子结构。根据这种层次划分，标签树的嫁接包括类团内标签子树的嫁接和类团间类团标签树的嫁接两部分，最终生成一棵由高频标签集中标签构成的标签树状结构。

对类团中的标签子树，采用如下方法进行嫁接。

① 以类团中的第 2 棵标签子树的根节点为当前子节点标签，选择满足条件"与当前子节点标签相似度大于 λ 且标注资源数大于当前子节点标签标注的资源数"的标签，作为当前子节点的上位节点候选标签。

② 在上位节点候选标签中选择与当前子节点标签相似度最大的标签作为该子节点标签的上位节点，完成 1 棵标签树的嫁接。

③ 依次以类团中其余标签子树的根节点为当前子节点，查找符合条件的上位候选标签，从中选择相似度最大的标签作为当前子节点标签的上位节点，直到类团中的标签子树整合成一棵标签树。

④ 如果类团内的一个标签子树找不到可以嫁接的其根节点标签的上位节点标签，则将其作为该类团的一棵独立的类团标签树。

⑤ 对所有类团中的标签子树重复上述步骤，形成各类团的标签树。

对生成的各类团标签树，嫁接方法如下。

① 采用与类团中标签子树的嫁接相同的方法进行嫁接，直到生成规模大小不同的各自独立标签树。

② 设置标签集合的类目根节点 Root，将所有独立标签树纳入该根节点下，形成一棵完整的标签树。

5.4　标签语义关系的抽取

5.4.1　定义标签语义关系

（1）选择传统知识组织工具——受控词表

1）中国分类主题词表

《中国分类主题词表》（第二版）（简称《中分表》）是在《中图法》第四版和《汉语主题词表》的基础上，为实现分类主题一体化标引，为机助标引、自动标引提供条件，降低标引难度，提高检索效率和标引工作效率，编制而成的分类检索语言和主题检索语言兼容互换的工具。《中分表》收录《中图法》的分类类目 52 992 个，以及《汉语主题词表》中的主题词 110 837 条、入口词35 690条，涵盖哲学、社会科学和自然科学所有领域的学科和主题概念，是一部国家级的大型分类主题一体化综合性受控词表。本书以《中分表》作为社会化标注系统中标签语义关系抽取的主要工具，以其中的《汉语主题词表》中定义的主题词概念关系为指导框架定义标签概念间的语义关系。以《汉语主题词表》中的主题词和《中图法》中的类目为中介和主要依据来识别、判断和建立规则抽取标签间的语义关系。

在《中图法》中，类目是一个个表达文献、信息内容的概念，一个类目由分类号、类名、类级、注释和参照构成，其中，类号、类名和类级是必需的。分类号是类目的标记符号或代号，它用号码表示类目的含义，决定类目在分类体系中的排列位置，表达类目之间的关系。类名即类目的名称，是用于描述类目的内涵、外延的词语。类级代表该类目在分类体系中的等级结构（划分的层次）、显示类目间的等级关系。例如（图5-2），类号为"G2"、类名为"信息与知识传播"在中图法分类体系中位于一级类目"G 文化、科学、教育、体育"的下位，是二级类目（在类目表中缩进两格），该类名、类号和类级信息即构成一条类目。

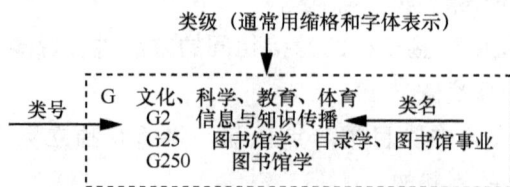

类级（通常用缩格和字体表示）

```
类号  →  G    文化、科学、教育、体育
            G2    信息与知识传播  ←  类名
            G25    图书馆学、目录学、图书馆事业
            G250    图书馆学
```

图5-2 《中图法》中类目的结构示例

在《汉语主题词表》中，主题词是取自自然语言，经过规范化处理的，以基本概念为基础的表达文献或信息资源主题的词或词组，即人工规定的标引文献或信息资源的某一概念时使用的正式用语，可将其理解为概念词。入口词是在《汉语主题词表》选择概念词过程中落选了的与主题词具有相同含义的非正式用词。

《汉语主题词表》中定义的语义关系，即本书所指的词表语义关系，用于指称主题词与入口词、主题词与主题词之间的关系，包括三大类：等同关系、等级关系、相关关系。

等同关系：用于表示概念词和入口词之间的关系，用大写字母Y（"用"）、D（"代"）来表示。若A和B为词表中的词语，则"A"Y"B"，表示B是A的概念词，表达词语A的概念用概念词B；反过来，"B" D "A"表示B是A的概念词，用概念词B代替词语A表达词语A的概念。

等级关系：用于表示上位概念词和下位概念词间的关系，用大写字母S（"属"）、F（"分"）、Z（"族"）来表示。若A和B为词表中的概念词，则"A" S "B"表示概念词B是概念词A的上位词，"B" F "A"表示概念词A是概念词B的下位词。"Z"表示词族的族首词，它没有上位词。若A和B为词表中的概念词，则"A" Z "B"表示B是A所属的词族中最泛指的上位词。

相关关系：表示主题词之间除等同关系和等级关系之外的比较密切关系，用大写字母C（"参"）表示。A "C" B表示概念词A和概念词B有一定的联系。

2）FrameNet及其语义类型

FrameNet是由著名的语言学家Fillmore主持的美国加州大学伯克利分校的一项词典编纂工程，该项目的研究成果之一FrameNet（词语框架网络）是目前唯一具有高层次的丰富语义信息的词汇资源。FrameNet通过框架、框架元素、词元、语义类型等各项语义信息揭示词汇的本质属性并将其抽象为概念，通过逻辑关系将这些概念关联起来，构成一个明确、形式化和可共享的概念体系[126]，是当前与WordNet、HowNet、SUMO等一样被公认的本体之一。

FrameNet中的语义类型是对概念的进一步抽象和概括，揭示概念词固有的、本质的、与词汇所在的上下文无关的词类特征和语义特征。由于语义类型是一般概念基础上更为概括和泛指的概念，我们将语义类型概念称为通用概念，其余概念称为普通概念。通过语义类型可以限定一般概念词的取值类型，进而用于更好地实现自然语言理解。例如，对于认知领域的概念"cognizer(认知者)"、生活领域的概念"expierncer（体验者）"、法律领域中概念"perpetraor(犯罪者)"，它们在FrameNet中被定义了相同的语义类型"sentient(有知觉力的人)"，表明所指概念的实例是"sentient(有知觉力的人)"，或者说充当所指概念的语词应是表示"sentient(有知觉力的人)"的词语。在具体的语言表达中，生物体、人或指代这些事物名称的词都可以是上述概念的实例。反过来，在具体的上下文中，如在一个"piracy(侵犯版权)"语境中，若文本中句子的主语位置出现人名、组织名称等语义类型为"有知觉力者"的词汇，可推断该词为概念词"perpetraor(犯罪者)"的实例，它与文本中"piracy(侵犯版权)"概念的词之间的语义关系为施事（动作的发出者）关系。另外，还有更多的通用概念，如"时间""地点""形状""程度""方式""状态""温度""速度"等。FrameNet对概念的语义特征进一步概括和抽象而得到的通用概念有 45 个，被称为本体语义类型，这些语义类型又以一定的逻辑关系构成一个语义类型结构，如图 5-3 所示。

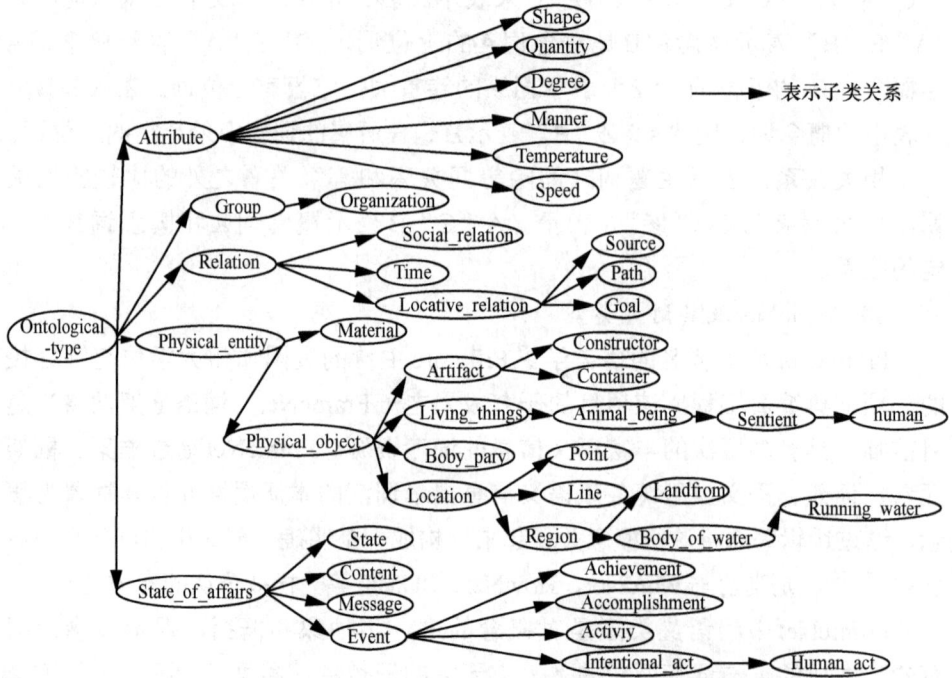

图 5-3　FrameNet 中本体语义类型的体系结构[126]

（2）本书定义的标签语义关系

《汉语主题词表》中定义的 3 类词表语义关系较为简单，表达的语义关系过于宽泛和模糊，不能满足 Web 2.0 环境下类分具有多样性、灵活性、对知识资源的多维度、全方位描述与揭示的网络用户标签词的需求，因此不能直接用于刻画社会化标注系统中标签间的语义关系。以《汉语主题词表》中3 类词表语义关系为指导框架，参照国内学者魏来在借助在线词表识别社会化标注系统中的语义关联时所界定的 6 种语义关系[127]和学者贾君枝等在人工识别教育领域标签语义关系时定义 12 种标签语义关系[128]，结合 FrameNet中本体语义类型的原理和思想，本书定义了社会化标注系统中的标签语义关系并建立了标签语义关系与词表语义关系和语义类型关系之间的映射，形成标签语义关系结构体系。

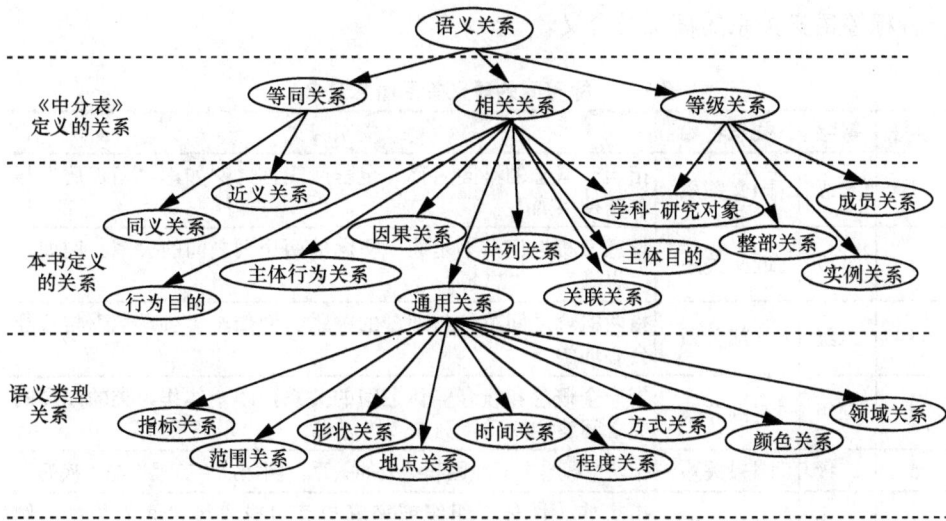

图 5-4 标签语义关系结构体系

如图 5-4 所示，本书将《汉语主题词表》中的等同关系、相关关系和等级关系作为标签语义关系体系中的一级关系。在此基础上进行细化，等同关系表示两概念间的语义相同或相近，据此细分出 2 个二级关系"同义关系"和"近义关系"；等级关系概念间的上位与下位关系，可细化为 3 个二级关系"整部关系""实例关系"和"成员关系"；相关关系泛指两概念之间不孤立，具有某种联系，包括等同关系和等级关系中没有定义的二级关系，主要有"因果关系""学科－研究对象关系""并列关系""主体－行为关系""行为－目的关系""主体－目的关系""通用关系"及除上述关系之外的其他相关关系，为了区别于词表"相关关系"，将二级类目中的其他相关关系称为"关联关系"。经过细化，3 个词表语义关系细分出 13 个二级语义关系。在所有二级关系中，通用关系还可进一步具体化，细分出多个三级关系。学者魏来[127]所定义的通用关系包含了范围、地点、领域、色彩、名称等，但是还不够完善。笔者引入 FrameNet 中的本体语义类型的概念，根据当前处理社会化标注系统中标签词汇语义关系的需要和 FrameNet 本体语义类型的适用性，选择其中的部分语义类型对通用关系进行补充。具体定义方法为将所选出的本体语义类型定义为对应名称的语义类型关系。例如，将 FrameNet 中的本体语义类型"地点（location）"，定义为通用关系的下位类"地点关系"，表示当一个概念为普通概念，另一个概念为通用概念"地点"时，两个概念的关系为"地点关系"。最终得到 9 个三级语义关系。表 5-1 是本书所定义的每一种标签语义关系的概念及含义。

表5-1　标签间的语义关系概念及含义

序号	等级	关系名称	关系释义
1	二级	同义关系	指同一概念的不同名称、全程或简称。例如，"精神病"与"精神疾病"
2	二级	近义关系	指意义相近但又不是同一概念的两个词之间的关系。例如，"思维"与"思想"
3	二级	整部关系	指两概念之间整体与部分的关系。例如，"心理学"与"社会心理学"
4	二级	实例关系	指一个概念和概念实体之间的关系，即个体作为类的成员同类之间建立联系。例如，"思维"与"辩证思维"
5	二级	因果关系	指两个概念之间原因和结果的关系。例如，"劳累"与"疾病"
6	二级	成员关系	指机构、团体、组织或家庭与其组成人员之间的关系。例如，"班级"与"学生"
7	二级	学科-研究对象	指学科或研究领域与研究对象、研究方法之间的关系。例如，"精神病学"与"精神病"
8	二级	并列关系	指同一类中性质不相容但又相互联系的关系。例如，"图书"与"期刊"
9	二级	主体-行为	指主体与其行为、过程、动作之间的关系。例如，"教师"与"教学"
10	二级	行为-目的关系	指行为、动作、过程与其施动目的之间的关系。例如，"玩耍"与"娱乐"
11	二级	主体-目的关系	参与活动的主体与其行为目的间的关系。例如，"网站"与"使用"
12	二级	通用关系	是指两个标签之间固有的,本质的,与上下文无关的关系,表示一个标签概念是另一个标签概念的本质特征值或本质属性值。例如，"苹果"的一个属性为"颜色"，属性值为"红色"，则"红色"与"苹果"之间的关系即为通用关系，还可将其具体为通用关系中的"颜色关系"
13	二级	相关关系	除以上关系外的概念之间的相互关系
14	三级	时间关系	若一个概念为普通概念，另一个概念为表示时间的概念，且二者在标签树中有等级关联，那么将两标签之间的关系定义为通用关系中的"时间关系"。例如，"心理健康日"与"5月25日"
15	三级	地点关系	若一个概念为普通概念，另一个概念为表示地点的概念，且二者在标签树中有等级关联，那么将两标签之间的关系定义为通用关系中的"地点关系"。例如，"山西医科大学"与"山西"

续表

序号	等级	关系名称	关系释义
16	三级	形状关系	若一个概念为普通概念，另一个概念为表示形状的概念，且二者在标签树中有等级关联，那么将两标签之间的关系定义为通用关系中的"形状关系"。例如，"篮球"与"球形"
17	三级	程度关系	若一个概念为普通概念，另一个概念为表示程度的概念，且二者在标签树中有等级关联，那么将两标签之间的关系定义为通用关系中的"程度关系"。例如，"火势"与"很大"
18	三级	方式、方法	若一个概念为普通概念，另一个概念表示方式、方法，且二者在标签树中有等级关联，那么将两标签之间的关系定义为通用关系中的"方式-方法关系"。例如，"减肥"与"节食"
19	三级	范围关系	若一个概念为普通概念，另一个概念为表示范围的概念，且二者在标签树中有等级关联，那么将两标签之间的关系定义为通用关系中的"范围关系"。例如，"人数"与"全部"
20	三级	颜色关系	若一个概念为普通概念，另一个概念为表示颜色的概念，且二者在标签树中有等级关联，那么将两标签之间的关系定义为通用关系中的"颜色关系"。例如，"苹果"与"红色"
21	三级	领域关系	若一个概念为普通概念，另一个概念为表示领域的概念，且二者在标签树中有等级关联，那么将两标签之间的关系定义为通用关系中的"领域关系"。例如，"比较心理学"与"心理学"
22	三级	指标关系	若一个概念为普通概念，另一个概念为表示指标的概念，且二者在标签树中有等级关联，那么将两标签之间的关系定义为通用关系中的"指标关系"。例如，"自我管理"与"自控力"

5.4.2　标签与《中国分类主题词表》的匹配

标签树中的标签与《中国分类主题词表》中的类名、概念词、入口词进行对照，根据标签是否与词表中的词汇相匹配，将标签集中的标签分为受控标签集 P（P_1、P_2、P_3、…、P_n）和非受控标签集 Q（Q_1、Q_2、Q_3、…、Q_m）。标签集 P 为与词表中的词匹配成功的标签的集合，即 P 中的标签都存在于受控词表中。标签集 Q 为与词表中的词匹配不成功的标签的集合，即 Q 中的标签均不在受控词表中。标签集 Q 虽不能与词表直接映射，Q 与 P 都是标签树中的词汇，它们之间仍具有一定的关联关系。

5.4.3　标签对语义关系的识别

提取出标签树状结构中存在关系的标签对,识别标签对之间的具体语义关系。标签树中存在关系的标签对分为两种:一种是在树状结构中存在直接上下位关系的标签对;另一种是在树状结构中同为某一节点的子节点并且相似度大于设定阈值λ的子节点标签两两形成的标签对。

（1）识别标签对的词表语义关系

一对标签A和B与受控词表的匹配有3种情况:一是A与B都属于受控标签集,称为完全受控标签对;二是A与B中一个属于受控标签集,另一个属于非受控标签集,称为部分受控标签对;三是A与B都不属于受控标签集,称为非受控标签对。

1）完全受控标签对词表语义关系的识别

标签A和B都属于受控标签集,与受控词表中的类名、概念词和入口词相匹配。这些受控词在词表中是否存在语义关系,存在何种语义关系,有明确的定义。据此可分3种情况确定标签对的词表语义关系。

① 标签A和B存在直接的词表语义关系。若标签A和B对应的受控词A′和B′在词表中存在直接的语义关系,因为A=A′,B=B′,则可将A′与B′语义关系直接映射为受控标签A和B语义关系（图5-5）。

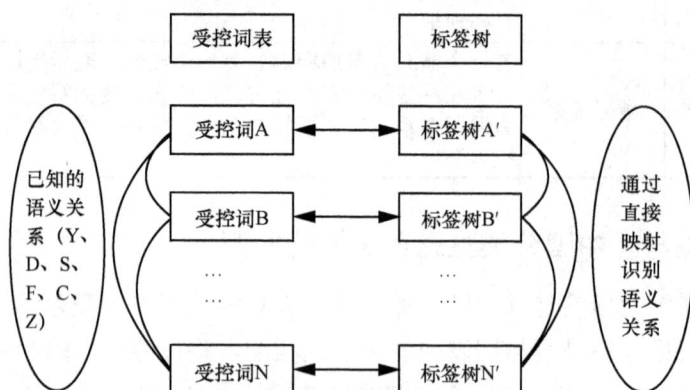

图5-5　受控标签词表语义关系的直接映射

② 标签A和B存在间接的词表语义关系。若标签A和B对应的受控词A′和B′在词表中没有直接定义的语义关系,则根据受控词对应的分类号判断二者是否具有间接的词表语义关系。本书将间接词表语义关系限定为两个受控

词通过一个中介受控词建立联系。这时可根据A′和B′在词表中对应的分类号等级来判断，如果存在间接等级关系，则将受控标签对的关系定义为F。例如，标签"社会→社会心理学"，主题词"社会学"和主题词"社会心理学"在主题词表中没有直接的等级、相关或等同关系，但是从分类号来看，主题词"社会学"对应的分类号为C91，主题词"社会心理学"对应的分类号为C912.6，分类号的以"C912"为中介存在间接的等级关系，分类号C912对应的主题词为"社会关系"。这时标签"社会→社会心理学"的关系定义为等级关系F。

③ 标签A和B在词表中的语义关系未知。若标签A和B对应的受控词A′和B′不存在已知的语义关系，但若A和B的相似系数$\lambda \geqslant 0.5$（经判断，λ为0.5时研究语义关系最佳），这时可从A′和B′的分类号及标签A和B标注资源数两个方面来判断两者之间的关系[123]。

分类号：若A′和B′在词表中有对应的类名，且它们属于同一大类，则表示这两个标签不仅存在普通的共现关系，并且从概念上也有一定联系，则将标签A和B的关系表示为相关关系"C"。

标注资源数：若A′和B′在词表中同属不同大类，但这两标签标注的资源数超过了一定阈值，说明用户经常用两者标注相同的资源，从而也将该标签间的关系表示为相关关系"C"。

2）部分受控标签对语义关系的识别

部分受控标签对是指标签A和标签B中一个属于受控标签集，另一个属于非受控标签集。这类标签对间的语义关系需要根据与《中分表》映射后新增的具有直接词表语义关系的标签对的特征来抽取规则，再根据规则并结合语义类型和词性来判断它们之间的语义关系（见第五章5.6.7相关内容）。

3）非受控标签对语义关系的识别

非受控标签对是指标签A和标签B都不属于受控标签集。它们之间的语义关系同样也可以根据已经定义好语义关系的标签对的特征来抽取规则，并结合语义类型和词性，作为判断它们之间语义关系的依据。

借助《中国分类主题词表》，本书实现对标签树状结构中的标签对进行词表语义关系的识别，判断标签间是否存在词表语义关系，具体为"Y""D""S""F""Z""C"中的何种关系。下一步工作将是根据词表语义关系与本书定义的标签语义关系的对应关系，借助相应的词汇工具和判断规则，将标签间的词表语义关系细化为更具体的标签语义关系。

（2）基于语义类型的标签语义关系的识别

在通过主题词表无法识别两标签的语义关系时，我们可以通过判断标签的语义类型进而对其语义关系进行判断。

语义类型是语义网络中的节点，用于描述词汇固有的与上下文无关的词类特征和语义特征。笔者所在团队曾对 UMLS 语义网络在社会化标注系统中的应用进行了理论和实证探讨，可将所构建的语义类型作为标签归类的分类器及作为分众分类系统与框架网络本体映射的桥梁[126]。据此经验，利用标签概念的语义类型可以判断标签概念间固有的、与上下文无关的语义关系，本书将这种关系称为通用关系。具体判断方法是：若一个标签概念为普通概念，另一个标签概念为通用概念，我们则把这两个标签之间的关系定义为通用概念所代表的语义类型，即通用关系。

（3）基于词性的标签语义关系的识别

经过研究，我们发现现存概念之间的语义关系与词性多具有一定的联系。例如，具有"同义关系""近义关系""整部关系""实例关系""并列关系"的概念多为同一词性；具有"因果关系""学科–研究对象关系""行为–目的关系""通用关系""相关关系"的概念没有固定的词性；具有"成员关系"的概念都为名词；具有"主体–行为关系"的概念应为名词–动词。因此标签的词性可以作为我们识别标签间语义关系的辅助手段。

语料库在线网站（http://www.aihanyu.org/cncorpus/index.aspx）是一个对语料进行研究的非营利性学术网站，它内含汉语分词和词性标注功能，并规定了 30 多种词性。内容如下。n：普通名词；nt：时间名词；nd：方位名词；nl：处所名词；nh：人名；nhf：姓；nhs：名；ns：地名；nn：族名；ni：机构名；nz：其他专名；v：动词；vd：趋向动词；vl：联系动词；vu：能愿动词；a：形容词；f：区别词；m：数词；q：量词；d：副词；r：代词；p：介词；c：连词；u：助词；e：叹词；i：习用语；j：缩略语；h：前接成分；k：后接成分；g：语素字；x：非语素字；w：标点符号；ws：非汉字字符串；wu：其他未知的符号。

本书采用语料库在线网站中规定的词性来辅助进行标签语义关系的研究。

（4）标签间语义抽取规则的挖掘

分析受控标签对间已识别出的语义关系的特征，然后通过这些特征归纳总结部分受控标签对和非受控标签对的语义抽取规则，最后利用这些抽取规则，来判断识别出部分受控标签对及非受控标签对之间的关系。

5.5 标签语义关系的可视化与利用

（1）标签语义关系可视化

对于识别出的标签语义关系，需要选用合适的方法将其形式化表式，使社会化标注系统中用户关于知识资源的认知隐性知识显性化，以有利于知识的共享、传播与利用等协同知识管理活动。本书拟选用可视化软件Gephi对标签间的关系数据进行可视化，形成标签语义关系知识图谱。

（2）标签语义关系的应用

将代表社会化标注系统中知识资源语义结构的标签语义关系知识图谱应用于社会化标注系统，可代替现有社会化标注系统中以热门标签和高频标签为代表的标签云，实现对系统中的知识资源基于语义的导航和检索。

5.6 实证分析

5.6.1 数据准备

（1）资源标注数据集的获取

豆瓣网是当前很受欢迎的社会化标注网站之一。该网站中的豆瓣读书栏目为图书爱好者提供对网站中图书的标签标注功能。注册用户关注自己感兴趣的图书并为其添加一个或多个标签甚至只是关注而不添加标签，就形成一条标注数据。

本章以豆瓣网为社会化标注系统的标注数据源，采用自主开发的标签抓取工具，选择"豆瓣读书"主页的浏览区"生活"主题中的"心理"类目（http://book.douban.com/tag/心理），按照图书在豆瓣网上的热度排名抓取该类目下标注用户数大于等于30且包含"心理"标签的前320本图书的标注数据，构成本研究的以资源为中心的标注数据集，称为资源标注数据集。

资源标注数据集采集的具体信息项包括：图书名、ISBN、图书的URL、标注该图书的用户名、用户对该图书的状态和标注的标签。

（2）标注数据的清洗

由于标签是用户根据自己对图书资源的理解而添加的，没有固定的格式和规范要求。利用数据抓取工具的标签清洗功能对标签进行了半自动清洗，包括去除无意义的字符、连字符构成的复合标签的拆分，英文译名的统一、中文繁体字的简化，英文大小写的转换等。

一些标签标注的频次比较多但是标注的资源数却比较少，即虽然使用这类标签的用户很多，但是它们集中用于标注个别图书，对于整个标注数据集中图书资源的内容不具备代表性。因此，根据研究目的，本书设定在标注数据集中出现总频次大于等于20，且标注的图书数量大于5的标签为对标注数据集中的图书资源内容具有代表意义的标签，将其作为研究对象。最终得到318本图书及这些图书的60个高频标签，形成待处理的标注数据集。其中，每本图书至少被30位用户标注过；每个标签至少被用于标注过5本图书，每个标签的总频次大于20。

5.6.2　标签向量模型构建

统计每个标签对318本图书标注的频次，构成标签的以资源表示的特征向量，全部标签的特征向量构成如表5-2所示的标签资源矩阵。矩阵中，行代表资源，列为标签，行和列对应的元素为对应的标签标注于资源的频次，即为标签的资源特征向量的权重。

表5-2　标签资源矩阵（部分）

	R001	R002	R003	R004	R005	R006	···	R318
心理	27	29	24	25	30	46	···	5
心理学	163	91	65	63	194	93	···	3
美国	1	1	2	3	16	10	···	3
成长	1	6	5	26	0	18	···	0
思维	137	4	4	7	1	4	···	1
生活	0	1	1	1	0	1	···	0
哲学	3	0	0	0	0	0	···	1
···	···	···	···	···	···	···	···	···
普通心理学	0	0	0	0	65	0	···	0

5.6.3　标签相似性分析

计算标签向量的余弦相似度形成标签的相似矩阵，相似度用作构建标签树状结构时确定标签两两之间是否关系紧密的指标。例如，表5-3中标签

"心理学"和标签"思维"的相似度系数为 0.377，和标签"心理"的相似度
系数为 0.874，说明标签"心理学"和标签"心理"的关系更紧密，在标注
数据集中两个标签经常被同时用于标注同一资源。

表5-3　标签相似性矩阵（部分）

	沟通	情商	心理学	思维	心理	好书	值得一读
沟通	1.000	0.371	0.164	0.086	0.217	0.011	0.011
情商	0.371	1.000	0.112	0.035	0.154	0.005	0.001
心理学	0.164	0.112	1.000	0.377	0.874	0.119	0.101
思维	0.086	0.035	0.377	1.000	0.336	0.119	0.098
心理	0.217	0.154	0.874	0.336	1.000	0.203	0.190
好书	0.011	0.005	0.119	0.119	0.203	1.000	0.962
值得一读	0.011	0.001	0.101	0.098	0.190	0.962	1.000

5.6.4　标签聚类分析

（1）因子分析

将标签资源矩阵转置为资源标签矩阵，并将根据标签是否标注于资源将
资源标签矩阵二值化，形成资源标签的 0、1 矩阵（表 5-4）。采用SPSS19.0
进行因子分析，以提取出的标签公因子数作为下一步标签聚类时生成的类
团数。

表5-4　标签资源二值化矩阵（部分）

资源	沟通	情商	心理学	思维	心理	好书	值得一读	自控力	个人管理
R001	0	1	1	1	1	1	1	0	1
R002	0	0	1	1	1	0	0	1	1
R003	0	0	1	1	1	0	0	0	1
R004	1	1	1	1	1	0	0	0	1
R005	0	0	1	1	1	0	0	0	0
R006	1	1	1	1	1	0	0	0	1
R007	0	0	1	1	1	0	0	1	1
R008	0	0	1	1	1	0	0	0	1

经KMO和Bartlett检验，结果（表 5-5）显示，KMO 系数为 0.685，显著
性Sig.为 0.000，说明资源标签二值化矩阵适合做因子分析。

表5-5　KMO和Bartlett检验结果

取样足够度的 Kaiser-Meyer-Olkin度量		0.685
Bartlett 的球形度检验	近似卡方	5234.107
	df	1770
	Sig.	0.000

　　采用主成分分析和最大方差旋转的方法进行标签公因子提取，结果显示（表5-6），以变量的特征值大于1为标准，可提取出19个标签公因子，累积解释的总方差为总方差的61.183%，表明可以用19个标签公因子代表原始标签的大部分信息。据此，在后续对高频标签聚类时，设定生成的类团数为19。

表5-6　标签因子解释的总方差

成分	初始特征值			提取平方和载入		
	合计	方差/%	累积/%	合计	方差/%	累积/%
1	4.850	8.083	8.083	4.850	8.083	8.083
2	4.072	6.787	14.870	4.072	6.787	14.870
3	3.087	5.145	20.016	3.087	5.145	20.016
4	2.795	4.658	24.673	2.795	4.658	24.673
5	2.217	3.695	28.369	2.217	3.695	28.369
6	2.071	3.451	31.820	2.071	3.451	31.820
7	1.956	3.260	35.080	1.956	3.260	35.080
8	1.864	3.106	38.186	1.864	3.106	38.186
9	1.731	2.885	41.071	1.731	2.885	41.071
10	1.586	2.644	43.715	1.586	2.644	43.715
11	1.424	2.373	46.088	1.424	2.373	46.088
12	1.362	2.270	48.357	1.362	2.270	48.357
13	1.286	2.143	50.500	1.286	2.143	50.500
14	1.273	2.122	52.622	1.273	2.122	52.622
15	1.206	2.010	54.632	1.206	2.010	54.632
16	1.151	1.918	56.550	1.151	1.918	56.550
17	1.095	1.825	58.375	1.095	1.825	58.375
18	1.047	1.745	60.120	1.047	1.745	60.120
19	1.026	1.711	61.831	1.026	1.711	61.831
20	0.985	1.641	63.472			
...	...	...	...			
60	0.150	0.250	100.000			

（2）标签聚类

选用组间连接的方法并以余弦相似度作为区间的度量标准，对标签以资源特征表示的向量数据集为分析对象，采用系统聚类的方法对标签（样本）进行聚类分析，设定生成的类团数为19，得到聚类结果。表5-7显示聚类后生成的19个标签类团(Cluster)及类团中的成员标签。其中，类团中的成员标签按其标注的资源数量大小降序排列。例如，第一个类团中的标签"沟通"标注的资源数最大，其次是"情商"，最后是"人际关系"。

表5-7　聚类后生成的标签类团

类团	标签
1	沟通、情商、人际关系
2	心理、心理学、美国、成长、哲学、@2016、励志、人生、心智、自我完善
3	思维、决策
4	好书、值得一读、我想读这本书
5	个人管理、自我管理、管理、自控力、控制
6	生活
7	经典、教材、入门、普通心理学
8	科普、科学
9	社会学、社会、社会心理学、人类学、进化、进化心理学
10	心灵、灵修、修行、精神之旅
11	精神病学、纪实、精神病
12	外国文学、小说
13	人性
14	情感、爱情、爱
15	商业、营销、社会心理、影响力
16	时间管理、拖延症
17	思维方式、健康
18	亲密关系
19	精神分析、卡伦·霍妮

5.6.5　构建标签树

（1）相似标签对的选择

在标注数据集合中，两个标签的关联关系产生于两个标签共同标注于同一资源。当两标签共同标注于同一资源的频次大于一定数量时可认为标签对之间关联性强。体现在标签对的余弦相似度指标上，则是两标签共同标签资源的频次越大，其余弦相似度值越大。为使标签之间的关系能够划分更加明确，本书设定：当标签间的相似度大于0.3（即标签余弦相度阈值$\lambda=0.3$）时，标签对之间的关联性较强，即该标签对相关；否则，认为标签对之间不相关。

（2）类团标签树的构建

对于类团内的成员标签，比较标签标注的资源数量，依照标签成员间相似度的大小构建类团内的标签子树和生成类团标签树。以标签类团5为例，表5-8显示类团5中的成员标签、标签标注资源的数量（括号内的数字）和标签之间的余弦相似系数，构建类团标签树的过程如下。

表5-8　类团5的标签标注资源数及相似度系数

类团5	个人管理（127）	自我管理（99）	管理（64）	自控力（8）	控制（6）
个人管理	1.000	0.531	0.472	0.306	0.245
自我管理	0.531	1.000	0.279	0.452	0.418
管理	0.472	0.279	1.000	0.081	0.083
自控力	0.306	0.452	0.081	1.000	0.863
控制	0.245	0.418	0.083	0.863	1.000

第一步，选择类团内标注资源数最多标签"个人管理"（标注资源数为127）为根节点。

第二步，在类团其余标签中选择与根节点标签"个人管理"相似度$\lambda \geq 0.3$的标签"自我管理、管理和自控力"作为子节点候选标签。

第三步，在候选标签中选择与根节点相似度最大的标签"自我管理"作为其子节点标签。

第四步，以标签"自我管理"为当前根节点，在其余标签中选择与其相似度$\lambda \geq 0.3$并且标注资源数小于99的标签"自控力、控制"作为"自我管理"的子节点候选标签，两个标签与当前根节点标签的相似度系数分别为0.452、0.418，因此选择与标签"自我管理"相似度系数大的标签"自控力"作为其子节点。

第五步，以"自控力"作为当前根节点，在标注资源数小于"自控力"标注的资源数8的标签中查找与其相似度大于0.3的标签作为其子节点候选标签，只有一个标签"控制"标注资源数小于6且与"自控力"的相似度为0.863>0.3，所以将标签"控制"设置为标签"自控力"子节点。标签"控制"在类团中的标注资源数最小，不存在下位标签，类团 5 中的一棵标签子树构建完毕，形成树形 1。

第六步，对剩余的没加入标签树的标签选择其中标注资源数最大的标签作为根节点构建新的标签树。剩余一个标签"管理"没有加入标签树，其单独形成一个类团标签子树的根节点。图 5-6 所示的树形 1 和树形 2 是类团 5 中的标签形成的两棵类团标签子树。

第七步，类团标签子树的嫁接。将根节点标签标注资源数最大的树形 1 除外，以剩余的标签子树（树形 2）为嫁接对象，以与树形 2 的根节点标签"管理"为当前子节点标签，按照公式（5-3）查找与其相似度大于 0.3 且标注资源数大于标签"管理"的标注资源数的标签，得到标签"个人管理"，将标签"个人管理"作为"管理"标签的上位节点标签。即将树形 2 的根节点嫁接到树形 1，作为树形 1 中"个人管理"标签节点的子节点。类团 5 的标签子树经过嫁接生成一棵类团标签树。类团 5 标签树的生成过程如图 5-6 所示。

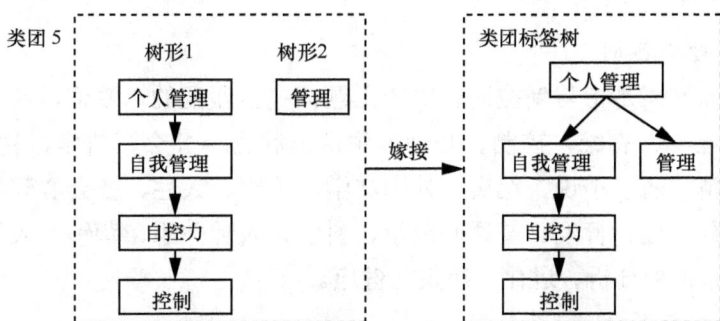

图 5-6　类团 5 中标签子树和类团标签树结构

对于类团中无法将其根节点嫁接到其他标签子树中的标签节点的类团标签子树，则将其作为独立的类团标签树，不再嫁接。

通过上述操作，19 个标签类团生成 20 棵类团标签树。其中，类团 15 生成两棵类团标签树。对于类团 2，考虑到类团 2 中的标签"@2016"不是一个词汇，在构建类团标签树过程中将其删除，最终参与类团标签树构建的标签为 59 个。

（3）类团标签树的嫁接

不同类团标签树的嫁接与类团内标签子树的嫁接方法类似，不能与其他标签树嫁接的类团标签树则视为标签数据集中的一棵独立的标签子树。 嫁接后最终形成 11 棵无法再与其他标签树嫁接的独立标签子树。

将所抓取的心理类图书标签集的总类目名称设置为"心理类"并定义为根节点，成为 13 棵独立标签子树的根节点的上位节点，最终生成如图 5-7 所示的 318 本心理类图书资源的标签树状结构。

5.6.6　标签树中语义关系的抽取

（1）标签与《中国分类主题词表》的匹配

将构成标签树的所有标签词与《中国分类主题词表》的类名和主题词及其款目词进行对比，与受控词表中的词语完全匹配的标签词有 3 种类型：类名标签词、主题标签词和入口标签词。

1）类名标签词

类名标签词是指与受控词表中的类名完全匹配的标签词，有 11 个：心理学、教材、人类学、社会学、哲学、美国、精神病学、小说、社会心理、科学、思维方式。

2）主题标签词

主题标签词是指与受控词表中的主题词完全匹配的标签词，共有 32 个：情商、心理学、思维、控制、心理、生活、教材、社会、哲学、精神病学、社会学、精神病、小说、纪实、外国文学、美国、人性、社会心理学、自我管理、社会心理、管理、普通心理学、科学、人际关系、营销、人类学、爱情、情感、精神分析、进化、决策、健康。

3）入口标签词

入口标签词指与受控词表中主题词的款目词完全匹配的标签词。在主题词表中，款目词是正式主题词的同义词或近义词。入口标签词有 2 个：思维方式、商业。

其中，11 个类名标签词同时也是主题标签词。因为类名标签词、主题标签词及入口标签词都是受控词表《中国分类主题词表》的词语，这些标签被统称为受控标签。

经过上述处理过程，最终参与标签树构建的 59 个标签词分被划分成 2 个集合：包含 34 个受控标签词的受控标签集 P（占标签总数的 57.6%）和由 25 个非受控标签词构成的非受控标签集 Q（占标签总数的 42.4%），具体结果见表 5-9。

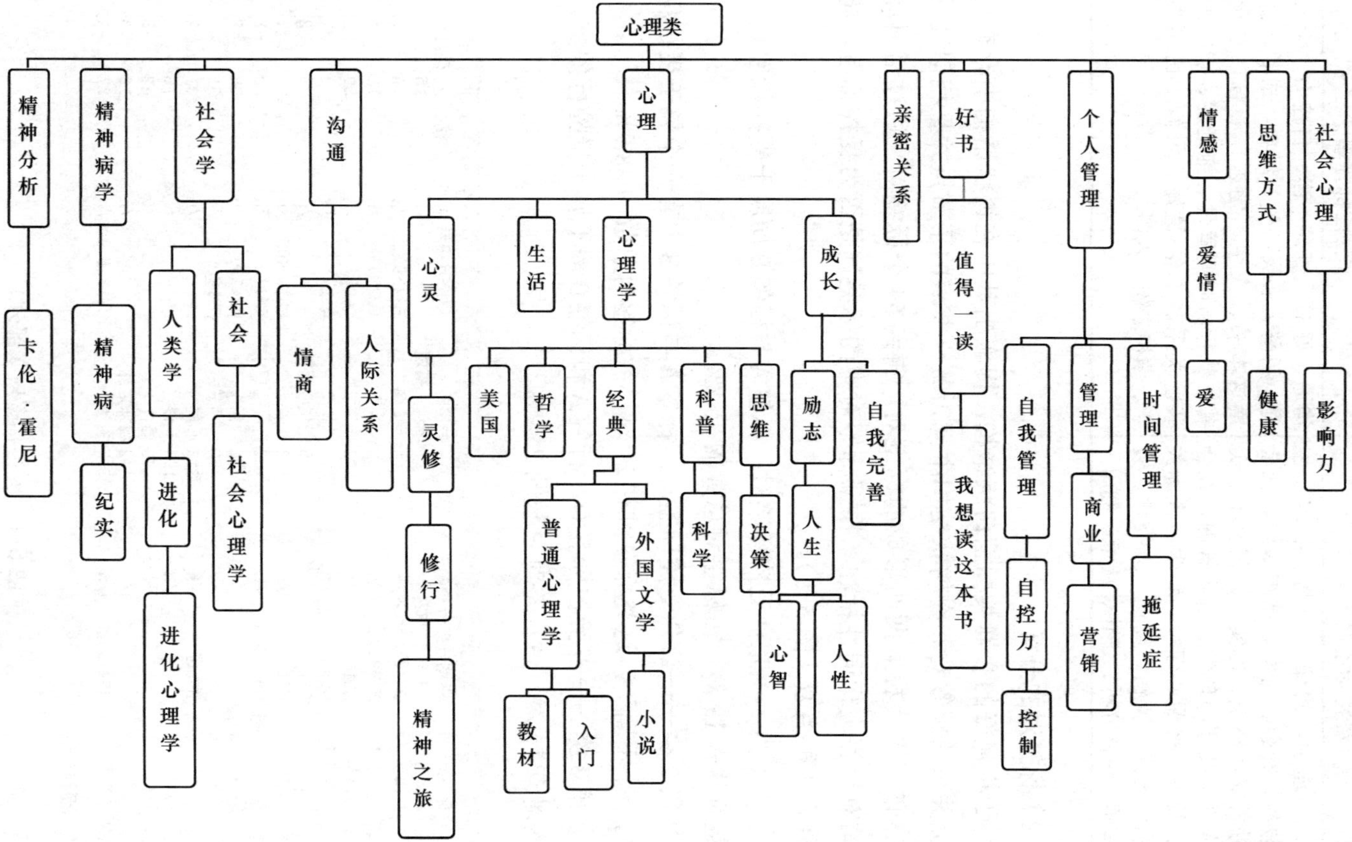

图 5-7 心理类图书资源的标签树状结构

表5-9　标签分类

受控标签集P	非受控标签集Q
情商、心理学、思维、控制、心理、生活、教材、社会、哲学、精神病学、社会学、精神病、小说、纪实、外国文学、美国、人性、社会心理学、自我管理、社会心理、管理、普通心理学、科学、人际关系、思维方式、营销、商业、人类学、爱情、情感、精神分析、进化、决策、健康	沟通、好书、值得一读、自控力、个人管理、科普、心灵、爱、经典、成长、我想读这本书、人生、励志、心智、自我完善、修行、时间管理、拖延症、影响力、亲密关系、卡伦·霍妮、灵修、进化心理学、精神之旅、入门

（2）标签对的分类

对于构建好的心理类标签树状结构，提取出其中在树状结构中存在直接上下位关系的标签对和在树状结构中同为某一节点的子节点并且相似度系数 $\lambda \geqslant 0.3$ 的子节点标签两两形成的标签对，得到54个标签对。通过语料库在线网站对标签进行词性标注。根据标签对中的标签词是否为受控标签，将标签对分为3种类型（图5-8）。

① 第1类——完全受控标签对：标签A与标签B均属于受控标签集，这类标签对共有19对，占标签对总数的35.2%。

② 第2类——部分受控标签对：标签A与标签B中有一个属于受控标签集，另一个不属于，这类标签对有21对，占标签对总数的38.9%。

③ 第3类——非受控标签对：标签A和标签B都不属于受控标签集，这类标签对有14对，占标签对总数的25.9%。

	A	B	C	D	E	F	G	H	I
1	标签A	中图分类号	词性	资源数	标签B	中图分类号	词性	资源数	类型
2	精神分析*	R395.5、R74		51	卡伦·霍妮		/nh	15	2
3	精神病学*	R74②、R749	/n	11	精神病*	R749.99②、	/n	9	1
4	精神病*	R749.99②、I	/n	9	纪实*	G222.3		11	2
5	社会学*	C91		122	人类学*	Q98①	/n	30	1
6	人类学*	Q98①		30	进化	Q11	/v	9	1
7	进化*	Q11	/v	9	进化心理学		/n	8	2
8	社会学*	C91		122	社会*	C91、K02	/n	102	1
9	社会*	C91、K02	/n	102	社会心理学*	C912.6	/n	60	1
10	沟通		/v	51	情商*	B842.6	/n	38	2
11	沟通		/v	52	人际关系*	C912.1	/n	31	2
12	心理*	B84①	/n	317	心灵		/n	101	2
13	心灵			101	心理		灵/a	76	3
14	灵修		灵/a	76	修行		/v	42	3
15	修行		/v	42	精神之旅		/n	13	3
16	心理*	B84①	/n	317	生活*	C913.3	/n	137	1

*表示受控标签。

图 5-8　受控标签对（部分）

（3）受控标签集及语义关系扩展

将受控标签集 P 中的受控标签与《中国分类主题词表》进行映射，在词表中查找与受控标签具有词间关系的其他受控词，并将找到的受控词纳入受控标签集 P，将受控标签与受控词及词间关系纳入受控标签对语义关系表中。（例如，受控标签"情商"在《中国分类主题词表》中与主题词"EQ"具有词间关系，它们的关系为"D"，则我们将主题词"EQ"纳入受控标签集 P，将"D"关系纳入受控标签对的语义关系表。）

通过对标签集 P 中原有的 34 个受控标签的词汇扩展，共新增受控标签对 425 对，新增受控词 420 个，其中"Y"关系有 2 个，"D"关系 49 个，"F"关系 331 个，"C"关系 36 个，"Z"关系 3 个。部分新增受控词见图 5-9。

	A	B	C	D	E	F
1	标签	中国分类号	词性	主题词	词性	关系
2	情商	B842.6	/n	EQ	/n	D
34	心理学	B84①	/n	知觉心理学	/n	F
35	心理学	B84①	/n	该塞尔氏发展表	/n	C
36	心理学	B84①	/n	归因	/n	C
56	思维	B80	/n	理解（心理学）	/n	C
57	思维	B80	/n	理性认识	/n	C
58	思维	B80	/n	问题解决（心理学	/n	C
59	思维	B80	/n	言语	/n	C
60	控制	O231、①-81	/v	pH控制	/v	F
79	心理	B84①	/n	阶级心理	/n	D
94	教材	G423.3、①-43	/n	入口教材	/n	F
95	教材	G423.3、①-43	/n	试听教材	/n	F
96	教材	G423.3、①-43	/n	乡土教材	/n	F
97	教材	G423.3、①-43	/n	语文教材	/n	F
98	教材	G423.3、①-43	/n	直观教材	/n	F
99	社会	C91、K02	/n	城市社会	/n	D
100	社会	C91、K02	/n	半封建、半殖民地	/n	F
101	社会	C91、K02	/n	发达社会主义社会	/n	F

图 5-9　受控标签与《中国分类主题词表》映射后的新增受控词（部分）

5.6.7　标签对语义关系的识别

（1）完全受控标签对语义关系的识别

根据《中国分类主题词表》中已有的语义关系，我们对 19 对完全受控标签对进行了语义关系的识别。共识别出"C"关系 1 对，"F"关系 2 对。例如，在《中国分类主题词表》中，受控标签"精神病学"的中图分类号为"R74⑨"，受控标签"精神病"的中图分类号为"R749.99⑨"，在词表中两受控词具有已知的语义关系"F"，将其直接应用于该标签对。

根据现有知识组织系统与本书定义的语义关系的对应，以及语义关系及词性可以进行更具体的语义关系的识别。我们识别出具有"整部关系"的标签对 1 对，具有"学科-研究对象关系"的标签 7 对，具有"并列关系"的标签 2 对，具有相关关系的标签 11 对（图 5-10）。

	A	B	C	D	E	F	G	H	I	J	K	L	M
1	标签A	中图分类号	词性	资源数	标签B	中图分类号	词性	资源数	类型	《中分表》中的语义关系（一级）	基于规则的词表关系（一级）	语义关系（二级）	语义类型关系（三级）
3	精神病学*	R74⑨、R745/n		11	精神病*	R749.99⑨、/n		9	1 F			学科研究对象关系	
4	精神病	R749.99⑨、I/n		9	纪实*	G222.3	/n	11	1		相关关系	关联关系	
5	社会学*	C91	/n	122	人类学*	Q98①	/n	30	1		相关关系	学科研究对象关系	
6	人类学*	Q98①	/n	30	进化*	Q11	/v	9	1		相关关系	学科研究对象关系	
8	社会学*	C91	/n	122	社会*	C91、K02	/n	102	1		相关关系	学科研究对象关系	
9	社会*	C91、K02	/n	102	社会心理学*	C912.6	/n	60	1 F			学科研究对象关系	
16	心理*	B84①	/n	317	生活*	C913.3		137	1		相关关系	关联关系	
17	心理学*	B84①	/n	318	心理学*	B84①	/n	314	1		C		学科研究对象关系	
18	心理学*	B84①	/n	314	美国*	②712	/ns	185	1		C		关联关系	
19	心理学*	B84①	/n	315	哲学*	B①		136	1		F		整部关系	
22	普通心理学*	B84①	/n	6	教材*	G423.3、①-/n		20	1		相关关系	关联关系	
25	外国文学*	I3/7		93	小说*	I054		69	1		相关关系	关联关系	
28	心理学*	B84①	/n	314	思维*	B80		169	1		相关关系	学科研究对象关系	
29	思维*	B80	/n	169	决策*	C934		21	1		相关关系	关联关系	
42	管理*	①-36、C93	/v	64	商业*	F7	/n	23	1		相关关系	关联关系	

*表示受控标签。

图 5-10　完全受控标签对语义关系识别结果（部分）

（2）部分受控标签对语义关系识别

对于部分标签对语义关系的识别，本书首先根据与《中分表》映射后新增的受控标签对的特征挖掘语义并总结规律，提出对这类标签对语义关系的抽取规则。

1）标签语义抽取规则的挖掘

从词形上看，"F"关系的标签对有显著特征：标签 A 是标签 B 的一部分，如"社会学"和"安全社会学"，这样的标签对有 262 个，占总增加标签对的 61.6%。而除此之外其他关系看不出明显特征。据此，得出标签对关系的抽取规则 1。

规则 1　对于相似系数 $\lambda \geqslant 0.5$，且两标签一个为另一个的一部分的标签对，将他们之间的关系标注为"F"。

此外，对于相似系数 $\lambda \geqslant 0.5$，且两标签标注的资源数超过了阈值 100，说明用户经常用两者标注相同的资源，这些资源也正是用户关注的热点，这样的标签之间关系密切，我们认为其具有相关关系。由此，得出标签对的抽取规则 2。

规则 2　对于相似系数 $\lambda \geqslant 0.5$，且共现次数大于 100 的标签对间的关系定义为相关关系"C"。

2）基于规则的部分受控标签对语义关系识别

根据规则 1 和规则 2，我们识别出"C"关系 1 对，"F"关系 1 对。例如，从词形上看，标签词"进化心理学"中包括受控标签词"进化"，因此将其定义为"F"关系。

识别出标签对间的词表语义关系之后，再根据现有知识组织系统与本书定义的语义关系的对应，以及语义类型和词性，进行更具体的语义关系的识别。采用人工方法，识别出具有"学科研究对象关系"的标签对 1 对，具有"行为目的关系"的标签对 1 对，具有"程度关系"的标签对 2 对，具有"指标关系"的标签对 2 对，具有"主体目的关系"的标签对 1 对，具有"并列关系"的标签对 2 对，具有"关联关系"的标签对 12 对（图 5-11）。

	标签A	中图分类号	词性	资源数	标签B	中图分类号	词性	资源数	类型	《中分表》中的语义关系	基于规则的词表关系（一级）	语义关系（二级）	语义类型关系（三级）
2	精神分析*	R395.5、R74?/v		51	卡伦·霍妮		/nh	15	2	相关关系	关联关系		
7	进化*	Q11	/v	9	进化心理学			8	2	相关关系	学科研究对象关系		
10	沟通		/v	51	情商*	B842.6		38	2	相关关系	关联关系		
11	沟通		/v	52	人际关系*	C912.1		31	2	相关关系	行为目的关系		
12	心理*	B84①	/n	317	心灵		/n	101	2	相关关系	关联关系		
20	心理学*	B84①	/n	316	经典			89	2	相关关系	关联关系		
21	经典		/n	89	普通心理学*	B84①		6	2	相关关系	关联关系		
23	普通心理学*	B84①	/n	6	入门		/v	14	2	相关关系	通用关系		程度关系
24	经典		/n	89	外国文学	I3/7		93	2	相关关系	关联关系		
26	心理学*	B84①	/n	314	科普		/j	107	2	相关关系	关联关系		
27	科普		/j	107	科学*	G3①、G①		37	2	相关关系	主体目的关系		
30	心理*	B84①	/n	317	成长		/v	179	2	相关关系	关联关系		
34	人生		/n	79	人性*	B038、D054	/n	55	2	相关关系	关联关系		
38	个人管理		/v	127	自我管理*	C912.1	自我/z	99	2	相关关系	并列关系		
39	自我管理	C912.1	自我/:	99	自控力			8	2	相关关系	通用关系		指标关系
40	自控力			8	控制*		0231、①-8/v	6	2	相关关系	通用关系		指标关系
41	个人管理		个/q	127	管理*		①-36、C93/v	64	2	相关关系	关联关系		

*表示受控标签。

图 5-11 部分受控标签对语义关系识别结果

（3）非受控标签对语义关系的识别

根据规则 1 和规则 2，在非受控标签对中未识别出语义关系。对于这类标签对，本文借助词性和语义类型，人工识别出"并列关系"2 对，"行为-目的关系"2 对，"指标关系（通用关系）"1 对，"相关关系"9 对（图 5-12）。

5.6.8 标签关系汇总

基于受控词表界定的语义关系，本实例中共识别出 22 对标签之间的词表语义关系，具体情况见表 5-10。

	A	B	C	D	E	F	G	H	I	J《中分表》中的语义关系（一级）	K 基于规则的词表关系（一级）	L 语义关系（二级）	M 语义类型关系（三级）
	标签A	中图分类号	词性	资源数	标签B	中图分类号	词性	资源数	类型				
13	心灵		/n	101	灵修		灵/a	76	3		相关关系	关联关系	
14	灵修		灵/a	76	修行		/v	42	3		相关关系	关联关系	
15	修行		/v	42	精神之旅		/n	13	3		相关关系	关联关系	
31	成长		/v	179	励志		/v	90	3		相关关系	关联关系	
32	励志		/v	90	人生		/n	79	3		相关关系	关联关系	
33	人生		/n	79	心智		/n	76	3		相关关系	关联关系	
35	成长		/v	179	自我完善		/r	73	3		相关关系	行为目的关系	
36	好书		/n	54	值得一读		值得/v	40	3		相关关系	并列关系	
37	值得一读		值得/-	40	我想读这本书		我/r	21	3		相关关系	并列关系	
44	个人管理		个/q	127	时间管理		时间/r	20	3		相关关系	关联关系	
45	时间管理		时间/l	20	拖延症		/n	8	3		相关关系	关联关系	
51	心灵		/n	101	成长		/v	179	3		相关关系	关联关系	
52	心理学	B84①	/n	314	成长		/v	180	3		相关关系	学科研究对象关系	
55	励志		/v	90	自我完善		自我/r	73	3		相关关系	行为目的关系	

图5-12　非受控标签对语义关系识别结果

表5-10　基于受控词表的标签间词表语义关系的识别结果

关系	Y	D	S	F	Z	C
直接映射	0	0	0	2	0	1
规则判断	0	0	0	1	0	2+48
合计	0	0	0	3	0	51

在词表语义关系的基础上，根据所建立的词表语义关系与标签语义关系的映射，并结借助标签的词性和语义类型，最终识别出的标签对之间的标签语义关系54对，具体信息见表5-11。

表5-11　标签间语义关系的识别结果

关系	数量	关系	数量
学科研究对象关系	9	主体目的关系	1
行为目的关系	3	程度关系	2
并列关系	4	指标关系	2
关联关系	32	整部关系	1

5.6.9　标签语义关系的可视化及利用

（1）标签间语义关系的可视化

通过可视化软件Gephi将抽取出的标签间的语义关系进行可视化显示，将系统中用户对某一领域的共享知识资源的隐性认知直观地显示出来，形成社会化标注系统中该领域相关知识资源的语义结构。

在标签对语义关系的识别中，标签对间的关系是有向的，即标签A和标签B、标签B与标签A是两对相互对应的关系。为了使可视化关系图简洁明了，本书对标签对关系数据可视化时不考虑语义关系的方向，将标签A和标签B、标签B与标签A的关系视为一对关系。可视化后的标签语义关系图谱如图5-13所示。其中，根节点为资源标注数据集中所有被标注资源所属类别的一个抽象概念节点"心理类"，其余节点为标签所代表的子概念节点，连线代表节点之间存在语义关系，连线上的文字表示标签对语义关系的名称，为了简便，标签间的连线上没有标注语义关系的代表对应标签间为相关关系。

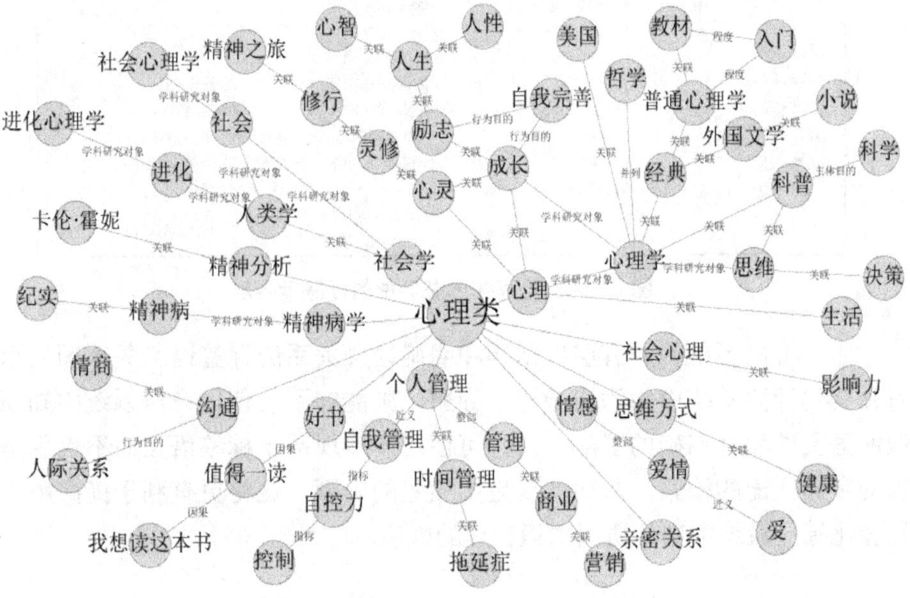

图 5-13　标签的语义关系图谱

（2）标签语义关系的利用

现有社会化标注系统中，一般以标签云的方式建立系统中的知识资源导航，标签云由系统中的热门标签或高频标签以列表的方式排列构成。以本章的实例数据来源网站"豆瓣读书"中标签导航为例，该网站人工将系统中的知识资源分为文学、流行、文化、生活、经管和科技6个大类。在每一个大类下是该类目下的高频标签的简单列表，如图5-14所示，列表中的标签是相互孤立的平行的关系，无法知道标签间的内在关联。用户利用标签导航寻找资源时，点击列表中的标签，系统将用户指向被该标签标注过的资源，而不是被与该标签具有相同概念意义的所有标签标注过的资源。

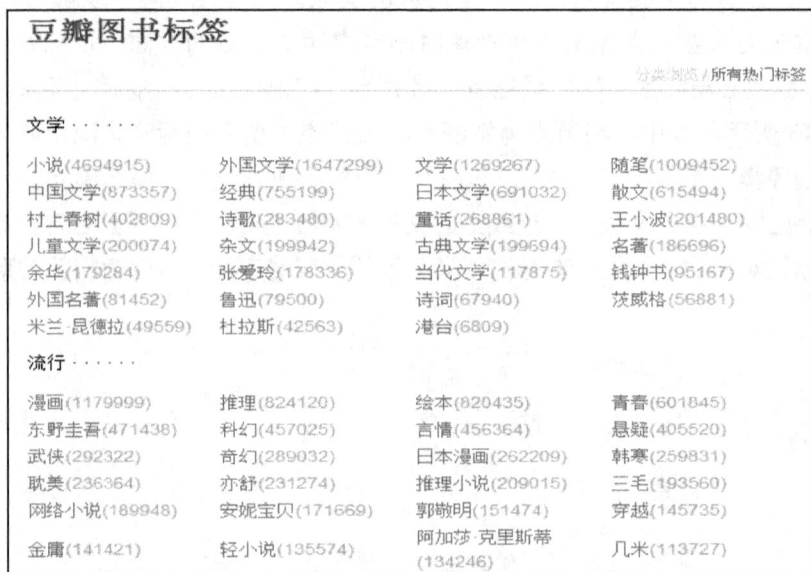

图 5-14 "豆瓣读书"中的标签云导航

如果将挖掘出的具有层次结构和明确语义关系的标签语义关系图谱用于对社会化标注系统中知识资源进行导航，则能够不仅使用户对系统中知识资源的语义结构有明确的了解，而且可使用户实现基于标签语义而不仅仅是物理的字面匹配的检索，从而找到更多相关的资源，这将更有利于提高用户在社会化标注系统中进行协同知识管理的效率。

5.7 小结

挖掘社会化标注系统中认知维度的隐性知识的目标在于建立代表用户对网络知识资源共同认知的知识资源语义结构。

本章通过对社会化标注系统中的标签以资源特征表示的向量空间模型的构建，将标签间的相似性计算转化为对资源向量空间距离的计算。在因子分析的基础上采用系统聚类的方法将资源的标签划分为不同的类团。根据标签间的相似系数及标签标注的资源数判断标签对间的上下位关系，建立了类团标签树并对其进行嫁接，最终形成代表标签间层次关系的标签树状结构。对于标签树状结构，利用传统的知识组织工具——《中国分类主题词表》和

FrameNet中定义的语义类型，并结合分词和词性标注等在线自然语言处理技术，通过标签与受控词的匹配、受控标签词语义关系的映射和挖掘标签语义关系规则的方法进行树状结构中标签对语义关系的抽取。

最后，利用可视化软件Gephi将树状结构及标签对间的语义关系形成标签语义关系图谱，可用于在社会化标注系统中建立基于语义的知识资源导航和实现基于语义的标签检索，使系统中的知识资源更加有序化，同时有利于用户在系统中对知识资源的共享、传播与利用，提高协同知识管理效率。

第六章
社会化标注系统中信息行为知识的挖掘与利用

6.1 挖掘信息行为知识的目标——揭示用户的信息行为差异

信息行为作为一种直接以用户为中心的研究领域，是联系信息服务和信息系统设计的桥梁。研究社会化标注系统中用户的信息行为，揭示其特点和规律，对于引导用户积极参与网络资源的共享和标注、提高标注质量、促进网络知识资源的有序化和提高协同知识管理效率固然具有重要意义。然而，社会化标注系统中用户进行的共享、标注和交互的信息活动完全是用户的自主行为，不同的用户受年龄、经历、环境、认知水平等因素的影响，表现出来的信息行为倾向、行为方式和行为结果可能也会不同。因此，对社会化标注系统中用户信息行为的研究再精细化，分析不同用户群体信息行为的表现及存在的异同，使社会化标注系统可采取更有效的改进措施，做到针对不同用户群体提供符合其需求及特点的功能和服务。

为此，挖掘社会化标注系统中的信息行为知识的目标在于分析不同用户群体信息行为的表现及存在的异同，以便根据分析结果为社会化标注系统提出更有效的改进措施，做到针对不同用户群体提供符合其需求及特点的功能和服务。这在当前以用户为中心的 Web 2.0 环境下显得尤为重要。

6.2　社会化标注环境下用户的信息行为模型分析

"标签技术"是社会化标注系统的核心。社会化标注系统与传统的信息资源管理系统的不同之同在于，用户在该系统中的信息活动不仅包括信息资源的检索、获取与利用，还包括以标签为核心共享资源、标注资源与对基于标签建立的知识关联的利用等新内容。为此，本书构建符合社会化标注系统新环境特点的用户的信息行为理论及模型，明确社会化标注系统中用户信息行为的类型及模式。

根据本书对社会化标注环境下用户的信息行为的定义（见第二章 2.4.2 相关内容），借鉴信息系统研究领域将信息系统用户行为分为对信息系统的采纳前和采纳后分别加以论述[129]的思路，笔者将社会化标注系统中用户的信息行为分为用户对社会化标注系统采纳前和采纳后的行为。前者关注潜在用户对社会化标注系统的采纳与接受行为，后者则关注用户对特定社会化标注系统的一般使用行为和具体的信息行为。

在此思想指导下，社会化标注环境中集成化的用户信息行为模型（图 6-1）由 3 部分构成：采纳与接受行为模块、一般使用行为模块和具体信息行为模块。

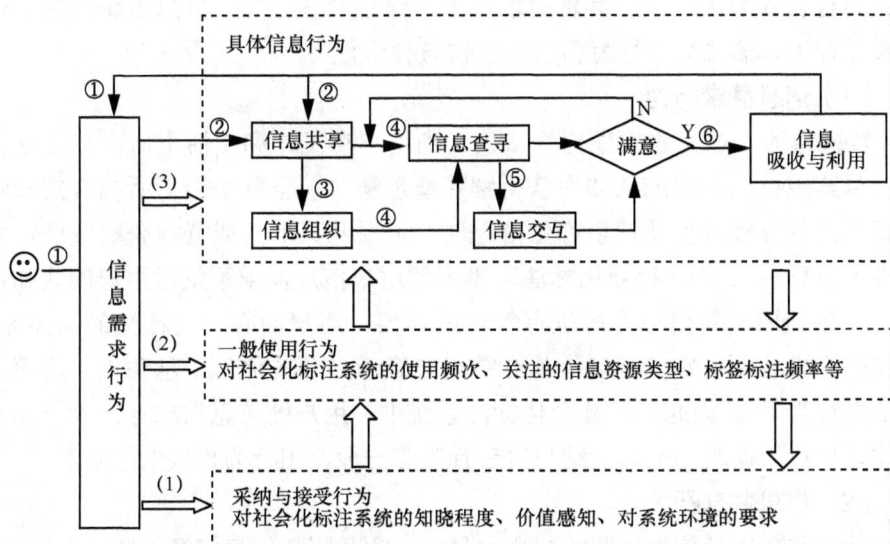

图 6-1　社会化标注系统环境下集成化的用户信息行为模型

6.2.1　采纳与接受行为

采纳与接受行为是指用户在亲身试用基础上和（或）在外在环境的影响下对社会化标注系统的正式接受和使用的行为。主要体现在用户是否采纳社会化标注系统作为自己进行网络信息资源管理工具、采纳社会化标注系统的动机、对社会化标注系统的价值感知及在系统环境达到什么要求时才会考虑持续使某一社会化标注系统等。对社会化标注系统的采纳与接受行为是用户利用系统功能进行信息资源管理活动的前提。

6.2.2　一般使用行为

一般使用行为是指用户在社会化标注系统中不涉及具体文本内容的基本活动的集合。例如，用户登录社会化标注系统的频次、对标签的使用频率、在线时间等基本信息行为。被用户采纳只是社会化标注系统迈向成功的第一步，只有大量用户的持续使用才是决定系统是否成功的关键。

6.2.3　具体信息行为

具体信息行为是指用户为获得解决问题的方案或达到期望的认知状态而进行以信息内容为中心的活动的集合。社会化标注环境下的用户具体信息行为主要包含 6 类子环节：信息需求行为、信息共享行为、信息组织行为、信息查寻行为、信息交互行为和信息吸收与利用行为。

（1）信息需求行为

Dervin 的"意义建构理论"认为，当用户在工作和生活中所面临的状况无法从其现有的知识或认知中获得解释或理解时，也就是当下所拥有的知识与其所处的外在环境或情境产生落差时，需要从其他人或资源获取帮助，就形成了信息需求[130]。社会化标注环境下的用户信息需求不仅指用户的认知需求，还包括用户对信息资源进行管理的需要、用户的心理及社交的需要等，当这些需求达到一定的程度，就会被用户意识到并转化为信息动机，进而产生信息行为[131]。因此，在社会化标注系统中，用户的信息需求行为不仅属于具体信息行为模块，也是采纳与接受行为和一般使用行为模块的起点。

（2）信息共享行为

信息共享就是信息资源的共享，是将一定范围的信息资源按照互利互惠、互补互余的原则进行协同，将全部或部分信息提供给有关用户或网络成员分享和利用[132]。社会化标注系统是一个开放的网络系统，用户可以在系统中上传和发布自己的信息资源、也可以转载网页或系统中其他成员的信息。这种向系统中贡献和收藏信息并对他人开放的行为就是信息共享行为。信息共享行为起源于用户对信息的存储、组织或社会化需要。

（3）信息组织行为

信息组织是将处于无序状态的特定信息，按照一定的原则和方法，使其成为有序状态的过程，目的是将无序信息变为有序信息，方便人们利用信息和有效地传递信息[133]。在社会化标注系统中的信息组织行为是指用户对共享的信息资源进行内容主题或其他特征的分析并赋予标签的行为。这里的标签代表用户对信息资源的认知和观点，可以是关键词、字母或符号；信息资源可以是用户分享（上传、创建或转载）的文档、网页、图片或链接。

（4）信息查寻行为

信息查寻行为是指为了满足特定需求，利用信息系统从信息资源（集合）中识别并获取所需要信息的过程。信息查寻可分为信息浏览和信息检索。社会化标注系统中用户的信息查寻行为主要是指用户在社会化标注环境中以标签为核心的信息资源浏览和检索行为。由于标签的社会性，基于标签的用户信息查寻行为具有一定的协同性。

（5）信息交互行为

新一代的互联网 Web 2.0 为广大网络用户提供了与网络系统和基于虚拟人际关系的信息交流与互动平台。在社会化标注系统环境下的用户信息交互行为包括人机交互和人际交互。人机交互是用户与社会化标注系统之间的双向数字信息传送，用户向系统贡献资源和数据，同时也从系统中获取资源和数据；人际交互是指网络用户之间以社会化标注系统为平台或中介的信息交流行为。

（6）信息吸收与利用行为

通过信息查寻与信息交互获得所需要的信息并不是用户的最终目的。获取信息后，用户要对信息吸收和利用，将获得的信息纳入自己的知识结构体系，内化为自身的知识或用于解决实际问题。

6.3　用户信息行为差异分析内容的界定

"使用标签标注资源"是 Web 2.0 环境下社会化标注系统的核心功能，用户通过为资源添加标签的信息行为,实现对网络知识资源的共享、表达对网络知识资源的认知,并建立社会化标注系统中资源与资源、资源与用户、用户与用户之间的关联,是系统中用户之间得以进行知识协同的基础。为此,本章以用户"为资源添加标签"的标注行为为研究对象,挖掘用户在社会化标注系统中的标注行为规律。

用户的标注行为是一个进行概念分析和转化的标引过程[134],对应于本书社会化标注系统中用户的信息行为模型中的"信息组织行为",即"用户在分享和管理自己关注的信息资源时为资源添加标签的过程"。基于过程的视角,整个标注行为过程可划分为标注行为发生前、中、后 3 个阶段。第一阶段主要涉及用户对社会化标注系统的接受与采纳、一般使用情况、标注动机等,是标注行为发生前的准备阶段;第二阶段为标注行为的实际发生阶段,涉及标注资源的具体操作行为和行为机制等;第三阶段则是标注行为产生的结果或效应阶段,通过对标注结果的分析可以推测或反映前两个阶段中用户的标注行为心理、习惯和用户兴趣偏好等。本章以用户"为资源添加标签"的准备和实际发生阶段为切入点,分析用户在这两阶段基于社会化标注的信息行为表现及存在的差异。

在社会化标注系统中用户信息行为模型的框架指导下,准备阶段和发生阶段的用户标注行为具体内容如下。

① 用户对社会化标注系统的依赖程度和用户对标签的利用程度,是关于用户对社会化标注系统的接受与采纳行为或一般使用行为的信息,反映用户标注行为发生的外在条件和属性,与用户的标注操作行为无直接关系,是用户标注行为的外部特征信息。

② 促使用户产生标注行为的标注动机及在标注资源时对标签来源的选择偏好,是用户信息需求行为和具体信息行为模块中有关信息组织行为的信息,反映用户标注行为的内在属性和机制,与用户的标注操作行为关系紧密,是用户标注行为的内部特征信息。

6.4　用户信息行为差异分析的思路

以《用户对社会化标注系统的使用行为调查》问卷为数据源,以使用社会化标注系统并为资源添加过标签的 684 位用户为样本(基本信息见表4-2),按照人口学特征和使用网络的时间对研究对象进行分组,讨论不同用户群体标注行为的外部特征和内部特征及存在的差异。具体研究思路如图 6-2 所示。

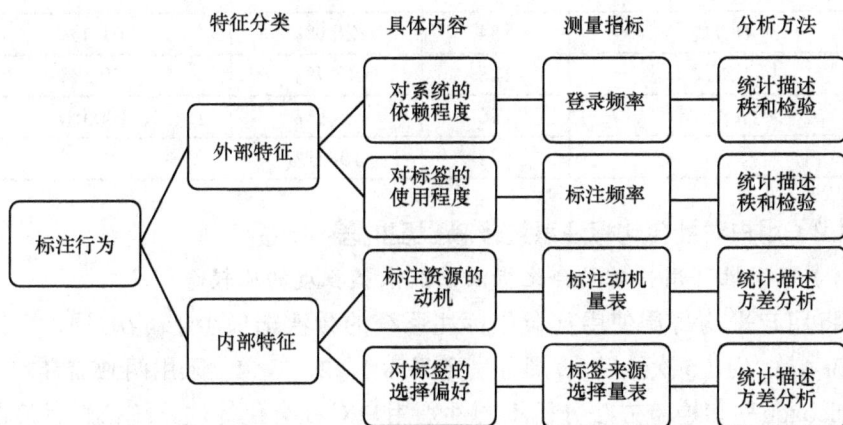

图 6-2　用户标注行为研究思路

其中，标注行为的外部特征信息以单选题的方式调查；标注行为的内部特征采用 Likert 5 分制量表[135]的形式调查。以统计分析软件 SPSS19.0 为工具，在对用户标注行为信息进行现状描述的基础上，对外部特征信息采用秩和检验的方法，对内部特征信息采用因子分析基础上的方差分析法，检验不同背景用户标注行为是否存在差异。

最后，总结分析结果，提出社会化标注系统针对不同用户群体的功能和服务建议。

6.5　数据分析及结果

6.5.1　用户对社会化标注系统的依赖程度及差异分析

用户对社会化标注系统的依赖程度反映对社会化标注系统采纳和持续使用情况，通过用户每周使用社会化标注系统的次数来测量。对系统的使用越频繁，表明用户对社会化标注系统的依赖程度越高。

（1）用户对社会化标注系统的依赖程度

调查用户每周使用社会化标注系统的频次信息，对调查结果的统计汇总如表 6-1 所示。

表6-1　用户每周使用社会化标注系统次数的频数分布表

使用频次	频数	百分比	累积百分比
5次及以上/周	236	34.5%	34.5%
3~4次/周	184	26.9%	61.4%
1~2次/周	128	18.7%	80.1%
少于1次/周	136	19.9%	100.0%
总计	684	100.0%	

（2）用户对社会化标注系统依赖程度的差异分析

1）不同性别用户对社会化标注系统依赖程度的比较

将用户平均每周使用社会化标注系统的频次选项少于1次/周、1~2次/周、3~4次/周、5次及以上/周分别定义为1，2，3，4。采用两独立样本比较的Wilcoxon秩和检验方法分析不同性别用户对社会化标注系统依赖程度的差异。对不同性别用户登录社会化标注系统的频次分布进行秩和检验的结果中，Mann-Whitney U统计量为56 505.500，Wilcoxon W统计量为134 715.500，标准正态分布统计量Z值（即μ值）为-0.233，近似概率值（双侧）$P=0.816>0.05$，表明不同性别用户每周使用社会化标注系统的频次分布的中心位置相同，即性别不同的用户对社会化标注系统的依赖程度不存在差异（表6-2）。

表6-2　不同性别用户对社会化标注系统依赖程度分布的Wilcoxon秩和检验结果

性别	人次	平均秩次	秩和	统计检验			
				Mann-Whitney U	Wilcoxon W	Z	Asymp.Sig.(2-tailed)
男	289	344.48	99 554.50	56 505.500	134 715.500	-0.233	0.816
女	395	341.05	134 715.50				

2）不同学历、年龄、网龄、日均有效上网时长和职业的用户对社会化标注系统依赖程度的比较

采用完全随机设计多个独立样本比较的Kruskal-Wallis H检验方法和蒙特卡罗模拟方法，推断不同学历、年龄、网龄、日均有效上网时长和职业的用户每周使用社会化标注系统的频次分布是否相同。

检验结果（表6-3）显示，不同学历用户对社会化标注系统的每周使用频次分布的Kruskal-Wallis检验得到的卡方值（即H值）为7.129，$P=0.028<0.05$，故不同学历用户使用社会化标注系统的频度存在显著性差异。采用蒙特

卡罗模拟方法（Monte Carlo）计算得到的精确概率 P=0.027，其 99% 的置信区间为 0.022~0.031，结论相同。

类似地分析，不同年龄和不同日均有效上网时长的用户，对社会化标注系统的依赖程度存在显著性差异。

表6-3　不同背景用户对社会化标注系统依赖程度的Kruskal-Wallis H检验结果

分组		N	平均秩次	Kruskal-Wallis H			Monte Carlo Sig.		
				Chi-Square	df	Asymp. Sig.	Sig.	98% CI Lower	98% CI Upper
学历	大专及以下	82	394.91	7.129	2	0.028*	0.027*	0.022	0.031
	本科	474	336.18						
	研究生及以上	128	332.31						
年龄	25岁以下	357	323.31	7.630	2	0.022*	0.021*	0.018	0.025
	25~40岁	235	364.24						
	41~60岁	92	361.46						
接触网络年限	2年以内	25	365.38	3.631	3	0.304	0.303	0.291	0.315
	3~5年	160	364.79						
	6~9年	212	330.80						
	≥10年	287	336.72						
日均有效上网时长	2小时以内	112	388.48	20.228	3	0.000*	0.000*	0.000	0.000
	2~4小时	255	359.23						
	4~8小时	230	325.85						
	≥8小时	87	278.29						
职业	学生	334	323.34	9.033	5	0.108	0.103	0.095	0.111
	教育科研人员	70	368.5						
	管理人员	91	350.9						
	技术人员	71	342.56						
	销售人员	26	403.12						
	其他	92	366.8						

*表示显著性水平 $P \leqslant 0.05$。

为了确定差异存在于哪两组之间，将用户每周使用社会化标注系统的频次信息按学历、年龄和日均有效上网时长进行成对比较的秩和检验，检验结果见表 6-4。

表6-4　不同背景用户对社会化标注系统的依赖程度的成对比较检验结果

分组			统计检验 I-J	Std. Error	Std.Test Statistic	Sig.	Adj.Sig.
组别	组(I)	组(J)					
学历	大专及以下	本科	58.73	22.730	2.584	0.010	0.029*
		研究生及以上	62.60	26.882	2.329	0.020	0.060
	本科	研究生及以上	3.87	18.931	0.204	0.838	1.000
年龄	25岁以下	25~40岁	−40.93	15.965	−2.564	0.010	0.031*
		41~60岁	−38.15	22.221	−1.717	0.086	0.258
	25~40岁	41~60岁	2.78	23.373	0.119	0.905	1.000
日均有效上网时长	2小时以内	2~4小时	29.52	21.544	1.358	0.175	1.000
		4~8小时	62.63	21.898	2.860	0.004	0.025*
		≥8小时	110.19	27.160	4.057	0.000	0.000*
	2~4小时	4~8小时	33.38	17.282	1.932	0.053	0.320
		≥8小时	80.94	23.597	3.430	0.001	0.004*
	4~8小时	≥8小时	47.56	23.921	1.988	0.047	0.281

*表示显著性水平$P \leq 0.05$。

6.5.2　用户对标签的使用程度及差异分析

用户对标签的使用程度反映用户的资源标注率，通过用户在利用社会化标注系统管理和分享信息资源时对标签的使用频度来测量。测量问题的选项包括分享资源必加、大部分时候加、有时加有时不加和基本不加，数据处理时对每个选项依次定义为1，2，3，4。

（1）用户对标签的使用程度

对用户使用标签的频度信息的统计显示，7.3%的用户每次分享资源都会为资源添加标签；16.2%的用户在大部分情况下会为分享的资源添加标签；47.1%的用户在分享资源时有时会为添加标签，有时则不添加；29.4%的用户分享资源时基本不添加标签。

（2）用户对标签使用程度的差异分析

1）不同性别用户对标签使用程度的差异

采用两独立样本比较的Wilcoxon秩和检验方法分析不同性别用户对标签使用频度分布的异同。经检验，Mann-Whitney U 统计量为 52 798.500，WilcoxonW 统计量为 94 703.500，标准正态分布统计量Z值（即μ值）为−1.802，近似概率值（双侧）$P=0.072>0.05$。说明不同性别用户使用标签的频度分布的中心位置相同，即不同性别的用户对标签的使用程度不存在显著差异。

2）不同年龄、学历、网龄、日均有效上网时长和职业的用户对标签使用程度的差异分析

采用完全随机设计多个独立样本比较的Kruskal-Wallis H检验方法对不同年龄、学历、网龄、日均有效上网时长和职业的用户使用标签频度分布。检验结果显示，不同学历用户关于标签使用频度分布的Kruskal-Wallis检验得到的卡方值（即H值）为4.076，P值=0.130 > 0.05,故认为不同学历用户使用标签的程度不存在显著性差异。采用蒙特卡罗模拟方法（Monte Carlo）计算得到的精确概率P=0.131，其99%的置信区间为0.123~0.140，结论相同；类似的分析表明，年龄、职业、网龄和日均有效上网时长不同的用户，对标签的使用频度分布都不存在显著性差异。

6.5.3 用户的标签选择偏好及差异分析

标签选择偏好是指用户在确定资源标签时对标签来源的选择倾向性大小，在一定程度上反映用户标注资源的积极性和标注思维的多样性。标注资源时，用户选取的标签通常有4种可能的来源：参考其他用户的标签、参考系统推荐的标签、从资源标题中提取标签和根据对资源的理解自定义标签。这4种标签来源构成用户标签选择偏好的测量指标。采用Likert5分制量表调查用户实际标注活动中是否会选用这些来源的标签，选项从非常不同意、不同意、不确定、有点同意到非常同意，依次赋值1~5。

对用户标签选择偏好程度的计算，本书通过探索性因子分析，采用主成分分析法和最大方差旋转的方法提取出反映测量指标主要信息的公因子，然后计算因子得分和综合因子得分得出用户的标签选择偏好值。

（1）用户的标签选择偏好分析

1）标签选择偏好分量表的信效度检验

对用户标签选择偏好量表进行信效度检验，Cronbach's 信度系数为0.798，KMO=0.761，Bartlett球形检验的近似卡方值=870.871，自由度df=6，显著性水平P=0.000，说明问卷信度和效度都较高，并且适合做因子分析。

2）因子分析

利用SPSS19.0对用户标签选择偏好的4个测量指标数据做探索性因子分析，按照特征值大于1的标准，提取出的1个公因子（特征值=2.498）解

释了总方差的 62.449%，并且每个测量变量在该公因子上的载荷量都较高大于 0.5，说明提取出的公因子能较好地反映原始测量指标的大部分信息，本书将其命名为标签选择偏好。由于只有 1 个公因子，该因子的得分（由 SPSS19.0 进行因子分析后自动计算得出）即为综合因子得分，反映用户对不同来源标签的选择倾向性的相对大小（分值为标准化得分，均值为 0，标准差为 1）。

3）用户的标签选择偏好

统计所有用户和不同类型用户对 4 种标签来源的选择倾向性数据和因子分析得出的标签选择偏好数据，可了解用户标签选择偏好的整体情况和按组别考虑的不同类型用户的标签选择偏好情况，统计结果见表 6-5 中的 $M\pm SD$。

（2）用户标签选择偏好的差异分析

以用户的性别、年龄、学历、职业、接触网络年限和日均有效上网时长 6 个分组变量为因子变量，以标签选择偏好的 4 个测量指标和标签选择偏好公因子为反应变量进行单因素差异分析，分析结果见表 6-5。

表6-5 不同背景用户的标签选择偏好及差异分析汇总

分组		参考他人标签	参考系统推荐标签	从资源标题中提取	自定义标签	标签选择偏好
		$M\pm SD$	$M\pm SD$	$M\pm SD$	$M\pm SD$	$M\pm SD$
性别	男	3.69±1.003	3.60±1.010	3.86±0.887	3.96±0.936	-0.02±1.004
	女	3.67±0.987	3.67±0.950	3.86±0.913	3.98±0.861	0.01±0.998
	t	0.296	-1.003	-0.024	-0.431	-0.364
	Sig.	0.767	0.316	0.981	0.667	0.716
年龄	25岁以下	3.68±0.986	3.6±0.971	3.86±0.861	3.94±0.889	-0.03±0.973
	25~40岁	3.71±0.962	3.7±0.945	3.82±0.926	4.02±0.847	0.03±0.984
	41~60岁	3.59±1.101	3.64±1.065	3.99±0.989	4.00±1.016	0.03±1.143
	F	0.479	0.829	1.16	0.64	0.268
	Sig.	0.619	0.437	0.314	0.527	0.765
学历	大专及以下	3.59±1.077	3.55±1.056	3.94±0.88	4.06±0.907	-0.01±1.085
	本科	3.66±0.968	3.66±0.952	3.87±0.884	3.93±0.912	-0.01±0.967
	研究生及以上	3.77±1.029	3.63±1.011	3.79±0.977	4.06±0.801	0.03±1.068
	F	0.988	0.426	0.733	1.531	0.071
	Sig.	0.373	0.654	0.481	0.217	0.931

分组		参考他人标签	参考系统推荐标签	从资源标题中提取	自定义标签	标签选择偏好
		$M \pm SD$	$M \pm SD$	$M \pm SD$	$M \pm SD$	$M \pm SD$
职业	学生	3.72±0.945	3.63±0.94	3.85±0.856	3.93±0.872	−0.01±0.932
	教育科研	3.60±1.109	3.71±1.065	3.83±1.035	4.04±0.970	0.01±1.152
	管理人员	3.73±1.012	3.58±1.065	3.91±0.996	4.04±0.942	0.04±1.135
	技术人员	3.73±0.861	3.62±0.931	3.86±0.833	4.11±0.728	0.05±0.867
	销售人员	3.31±1.192	3.81±0.939	3.92±1.093	4.12±0.909	0.00±1.102
	其他	3.58±1.082	3.64±1.001	3.86±0.872	3.87±0.963	−0.06±1.062
	F	1.216	0.312	0.105	1.120	0.143
	Sig.	0.300	0.906	0.991	0.348	0.982
接触网络年限	2年以内	3.40±0.957	3.40±1.000	3.56±1.003	3.76±0.779	−0.35±1.004
	3~5年	3.65±0.933	3.58±0.981	3.81±0.894	3.91±0.867	−0.07±0.919
	6~9年	3.69±1.014	3.67±0.986	3.93±0.860	3.98±0.929	0.04±1.000
	≥10年	3.70±1.014	3.67±0.963	3.87±0.924	4.02±0.889	0.04±1.040
	F	0.758	0.850	1.546	1.054	1.522
	Sig.	0.518	0.467	0.201	0.368	0.208
日均有效上网时长	2小时以内	3.57±1.088	3.61±0.999	3.91±0.886	3.88±0.937	−0.05±1.065
	2~4小时	3.62±0.948	3.56±0.997	3.83±0.901	3.98±0.841	−0.06±0.97
	4~8小时	3.78±0.942	3.69±0.913	3.90±0.866	3.95±0.919	0.06±0.973
	≥8小时	3.70±1.111	3.76±1.034	3.79±1.013	4.14±0.904	0.07±1.073
	F	1.633	1.191	0.571	1.426	0.824
	Sig.	0.18	0.312	0.634	0.234	0.481
合计		3.68±0.993	3.64±0.975	3.86±0.902	3.97±0.893	0±1

6.5.4　用户的标注动机及差异分析

标注动机测量指标来自国内学者李蕾和章成志制定的用户标注动机量表。鉴于原量表中测量指标"方便再次找到该资源"和"可以帮助我检索到自己需要的资源"从自我组织维度分析都表明用户"方便查找自己的资源"的动机，含义上相近，本书采用了除"可以帮助我检索到自己需要的资源"之外的 13 个测量指标（表 6-6）。采用 Likert 5 分制量表调查用户对测量指标题项的认同程度。

考虑到标注动机测量指标的数量较多，且不同测量指标之间可能具有内部相关性，笔者通过因子分析的方法，对收集到的测量指标数据采用主成分分析和最大正交旋转法从多个原始变量中提取出能解释原始测量指标大部分信息的公因子，以数目相对较少的公因子得分和公因子综合得分来测度用户的标注动机强度。

表6-6　用户标注动机量表[77]

编号	测量指标	编号	测量指标
M1	方便再次找到该资源	M8	方便其他用户检索到该资源
M2	更好地整理收藏的资源	M9	方便其他用户根据我的标签标注该资源
M3	向外界传达我对该资源的所有权	M10	帮助其他用户了解与该信息资源相关的更多信息
M4	引起别人关注该资源	M11	帮助其他用户决策是否浏览该资源
M5	寻找志趣相投的朋友	M12	和其他用户保持联系
M6	方便其他用户了解我的兴趣	M13	和其他用户分享资源
M7	表达自己对该资源的看法		

（1）用户的标注动机分析

1）标注动机分量表的信效度检验

经信效度检验，用户标注动机量表的Cronbach's 信度系数为0.914，KMO=0.913，Bartlett球形检验的近似卡方值=4948.559，自由度df=78，显著性水平P=0.000，说明问卷信度和效度都较高，并且适合做因子分析。

2）因子分析

与4.5.2的因子分析方法相同，对13个标注动机测量指标数据进行因子分析，提取出的2个公因子。由因子载荷量（表6-7）可知，公因子1（Component 1）包含原量表中的测量指标M3~M13，这些指标反映了用户通过社会化标注系统与其他网络用户进行交流、分享信息的动机和愿望，将该公因子命名为信息交流需要；公因子2（Component 2）包含原量表中的标注动机测量指标M1和M2，它们反映了社会标注用户进行信息资源的自我组织以利于今后再次查找该信息资源的目的和愿望，将该公因子命名为信息组织需要。

表6-7　标注动机测量指标旋转后的因子载荷矩阵

变量	成分		变量	成分		变量	成分	
	1	2		1	2		1	2
M1	0.086	0.898	M6	0.785	0.080	M11	0.687	0.295
M2	0.200	0.894	M7	0.653	0.290	M12	0.736	0.066
M3	0.667	0.013	M8	0.659	0.461	M13	0.667	0.273
M4	0.716	0.107	M9	0.693	0.359			
M5	0.795	0.146	M10	0.728	0.337			

3）用户标注动机强度的计算

因子分析后SPSS19.0自动计算出信息交流需要和信息组织需要的因子得分，以因子旋转后的方差贡献率为权重对两因子进行加权求和得出两因子的综合得分，可将该变量命名为标注动机，它反映用户的综合标注动机强度。具体计算方法为：标注动机＝信息交流需要的因子得分×42.927%＋信息组织需要的因子得分×18.073%。由于因子分析得出的数据都是标准化后的数据（均值为0，标准差为1），所以因子得分为负时不代表负相关，而是说明其低于平均水平。

统计不同用户的信息交流需要、信息组织需要和标注动机的得分，可了解用户的标注动机现状及不同类型用户的标注动机与样本总体水平的关系（见表6-8中的$M \pm SD$）。

表6-8　不同背景用户的社会标注动机差异分析结果汇总

分组		信息交流需要	信息组织需要	标注动机
		$M \pm SD$	$M \pm SD$	$M \pm SD$
性别	男	0.12±0.980	−0.12±1.036	0.03±0.481
	女	−0.09±1.007	0.09±0.966	−0.02±0.453
	t	2.627	−2.618	1.4
	Sig.	0.009*	0.009*	0.162
年龄	25岁以下	−0.02±0.992	0.05±0.933	0±0.455
	25~40岁	0.00±0.931	−0.01±1.079	0±0.440
	41~60岁	0.07±1.192	−0.16±1.036	0±0.567
	F	0.301	1.567	0.001
	Sig.	0.74	0.209	0.999

续表

分组		信息交流需要	信息组织需要	标注动机
		$M \pm SD$	$M \pm SD$	$M \pm SD$
学历	大专及以下	0.20±1.092	−0.22±0.954	0.05±0.541
	本科	−0.04±1.014	0.06±0.963	−0.01±0.464
	研究生及以上	0.01±0.869	−0.07±1.137	−0.01±0.422
	F	2	3.079	0.444
	Sig.	0.136	0.047*	0.642
职业	学生	0.02±0.937	0.05±0.922	0.02±0.433
	教育、科研人员	−0.03±1.040	−0.15±1.345	−0.04±0.507
	管理人员	0.09±1.017	−0.04±0.944	0.03±0.483
	技术人员	0.04±1.005	0.03±0.978	0.02±0.448
	销售人员	−0.04±1.065	0.11±1.003	0.00±0.521
	其他	−0.16±1.151	−0.07±1.047	−0.08±0.528
	F	0.699	0.647	0.862
	Sig.	0.625	0.664	0.506
接触网络年限	2年以内	0.06±1.019	−0.07±1.152	−0.10±0.478
	3~5年	−0.03±0.97	0.01±0.926	−0.01±0.446
	6~9年	0.02±1.061	0.10±0.875	0.03±0.475
	≥10年	0.00±0.973	−0.02±1.088	0.00±0.47
	F	0.111	4.884	0.662
	Sig.	0.954	0.002*	0.575
日均有效上网时长	2小时以内	0.10±0.926	−0.25±1.114	0.00±0.455
	2~4小时	−0.04±0.932	0.06±0.917	−0.01±0.440
	4~8小时	0.00±1.051	0.06±0.984	0.01±0.476
	≥8小时	−0.02±1.142	0.00±1.086	−0.01±0.53
	F	0.573	2.907	0.084
	Sig.	0.633	0.034*	0.969
合计		0±1	0±1	0.00±0.466

*表示显著性水平$P \leq 0.05$。

（2）用户标注动机的差异分析

以信息交流需要、信息组织需要和标注动机为反应变量，以用户的性别、年龄、学历、职业、接触网络年限、日均有效上网时长为因子变量进行差异分析。表6-8显示，不同性别用户信息交流需要和信息组织需要的标注动机强度在$\alpha=0.05$水平上均存在显著性差异；不同学历、接触网络年限和日均有效上网时长的用户，在信息组织需要的标注动机强度在 $\alpha=0.05$ 水平上存在显著性差异。除此之外，不同背景用户的标注动机无其他显著不同。

对不同学历、接触网络年限和日均有效上网时长用户的信息组织需要维度的标注动机强度进行LSD法事后检验，以确定信息组织需要强度差异存在的具体组别，结果如表6-9所示。

表6-9　不同背景用户信息组织需要的LSD法多重比较

分组	组(I)	组(J)	均值差I-J	Std. Error	Sig.	95% CI	
						Lower	Upper
学历	大专及以下	本科	−0.279*	0.119	0.02	−0.513	−0.044
		研究生及以上	−0.156	0.141	0.27	−0.432	0.121
	本科	研究生及以上	0.123	0.099	0.216	−0.072	0.318
接触网络年限	2年及以内	3~5年	−0.704*	0.213	0.001	−1.123	−0.286
		6~9年	−0.799*	0.21	0.000	−1.21	−0.387
		≥10年	−0.683*	0.207	0.001	−1.089	−0.277
	3~5年	6~9年	−0.094	0.104	0.364	−0.298	0.11
		≥10年	0.022	0.098	0.824	−0.17	0.214
	6~9年	≥10年	0.116	0.09	0.196	−0.06	0.292
日均有效上网时长	2小时以内	2~4小时	−0.308*	0.113	0.006	−0.53	−0.087
		4~8小时	−0.308*	0.115	0.007	−0.534	−0.083
		≥8小时	−0.255	0.142	0.074	−0.534	0.025
	2~4小时	4~8小时	0.000	0.091	0.998	−0.178	0.178
		≥8小时	0.053	0.124	0.666	−0.189	0.296
	4~8小时	≥8小时	0.054	0.125	0.669	−0.192	0.3

*表示均值差的显著性水平 $P \leqslant 0.05$。

6.6　结果讨论及建议

6.6.1　用户对社会化标注系统的依赖程度

调查数据显示，81.39%的受调查对象在使用社会化标注系统，其中77.82%的社会化标注用户分享资源时会为资源添加标签；34.5%的用户每周使用社会化标注系统5次以上，60%以上的用户每周使用社会化标注系统的次数至少3~4次。说明社会化标注系统已经成为 Web 2.0 环境下网络用户对信息资源进行组织和管理的重要工具，正在被越来越多的网络用户接受并持续使用，用户对这类集信息资源组织、分享、交流及社交于一体的网络信息平台已经产生一定程度的依赖。

大专及以下学历的用户每周登录社会化标注系统的次数显著高于本科学历用户（$P=0.029$）；25 岁以下的用户对社会化标注系统的依赖程度明显低于25~40 岁的用户($P=0.031$),其他不同年龄和学历的用户对社会化标注系统的依赖程度没有明显差异。说明大专及以下学历用户和 25~40 岁的用户是当前社会化标注系统的主要用户群体，社会化标注系统的设计应趋于简单易用，并在设计风格上比较适合 25~40 岁用户的成熟、简约、高效等特点。

每天上网时间少于 2 小时的用户对社会化标注系统的依赖程度明显高于每天上网时间为 4~8 小时（$P=0.025$）和 8 小时以上的用户($P<0.001$)，每天上网 2~4 小时的用户对社会化标注系统的依赖程度显著高于 8 小时以上的用户($P=0.004$),呈现出每天上网时间越短，对社会化标注系统的依赖程度越高的趋势。说明这类用户使用社会化标注系统的目标或任务比较明确，对这类用户应进一步分析其使用社会化标注系统的规律和关注的内容，以便提供更具有针对性的资源和服务。

6.6.2　用户对标签的使用程度

从用户标注资源为资源添加标签的情况统计可知，仅有少量用户（7.3%）每次分享资源都会为资源添加标签，大部分的用户在分享资源时有时加标签有时则不加，甚至基本不添加标签。并且，不同背景用户对标签的使用程度不存在显著性差异。说明当前社会化标注系统的用户对标签的使用程度普遍处于较低水平，用户使用标签标注资源的意愿不强烈或者标注能力不足。

分析其原因，可能是目前社会化标注系统中用户的主要信息活动集中在分享和保存网络信息资源，而为资源添加标签以实现对网络资源真正的有序化活动受到个人意愿、标注能力或系统易用性等因素的影响还未得到充分开展。因此，如何提高用户对资源的标注积极性和标注能力，是当前社会化标注系统在设计和运营过程中急需考虑的问题。

6.6.3　用户的标签选择偏好

由表 6-5 可知，当前社会化标注系统的用户在标注资源时对 4 种来源的标签都持肯定的选择倾向（$M>3$），但是选择标签倾向性并不明显，表现为对每一种标签的选择倾向值（M）都小于 4。不同类型用户的标签选择偏好和对 4 种标签来源的选择倾向性均不存在显著性差异（$P>0.05$）。说明用户对社会化标注系统的标注功能的应用还很有限，也从另一个侧面表明当前用户对资源的标注率不高。提高用户对资源的标注率、引导用户充分利用标签功能和选用多种来源的标签，对充分发挥社会化标注系统组织和管理网络信息资源的功能将具有重要的作用。

6.6.4 用户的社会化标注动机

因子分析的结果显示，用户的标注动机可分为信息组织动机和信息交流（社会性）动机。不同背景用户的综合标注动机强度无显著不同，但是信息交流需要维度和信息组织需要维度存在显著性差异。

由表 6-8 可知，男性用户信息交流需要维度的标注动机显著高于女性用户，而女性用户信息组织需要维度的标注动机显著高于男性用户。说明男性用户更倾向于利用社会化标注系统发现更多的资源和关注相同主题的好友，女性用户则倾向于利用社会化标注系统使自己的网络信息资源更有序和容易再次查找。利用这一差异，社会化标注系统在个性化推荐方面可重点对男性用户进行信息资源和同趣好友的推荐服务，而对女性用户则以标签的推荐为重点服务内容。

由表 6-9 可知，在信息组织需要维度，本科学历用户的标注动机显著高于大专及以下学历用户；网龄小于 2 年的用户的标注动机显著低于网龄为 3~5 年、6~9 年和 10 年及以上的用户；每天上网时间小于 2 小时的用户的标注动机显著低于每天上网时间在 2~4 小时和 4~8 小时的用户。基本可认为，在信息组织的需要维度，学历越高，网龄越长，每天上网时间越长，利用社会化标注系统组织和管网络信息资源的需求和动机则越强。分析其原因，笔者认为，可能是用户学历越高拥有的知识和资源越多，使用网络时间越长则越容易发现更多的资源，对自己拥有的资源进行有效的组织，以便今后再次查找。

标注动机是标注行为产生的根源，但从前面的用户对标注社会化标注系统的依赖程度的分析可知，学历较低的大专及以下用户、每天有效上网时间少于 2 小时的用户是社会化标注系统的主要用户群体。因此，社会化标注系统需要针对此类用户采取有效的措施增强其标注动机，促使他们有意识地参与到对网络信息资源的有序化组织中，提高社会化标注系统对网络信息资源的组织和管理的效率。

6.7 小结

本章在现有信息行为理论的基础上，借鉴信息系统研究领域将用户行为分为对系统采纳前和采纳后的行为思想，构建了社会化标注系统中以用户的协同知识管理活动过程为主线的信息行为集成化模型。完善了社会化标注系统中用户的信息行为理论，对 Web 2.0 环境下用户的信息行为理论的构建具有一定的参考意义。

以用户"利用标签标注资源"的信息行为为切入点，分析不同用户群体信息行为的现状特点及存在的差异。差异分析的结果表明不同背景用户的标注行为在对社会化标注系统的依赖程度、标注动机的信息交流需要和信息组织需要维度并不完全相同。基于分析结果，对社会化标注系统的服务和功能设计等提出针对性的改善和优化策略，旨在促进社会化标注系统的发展和提高网络用户知识管理的效率。

在研究方法上，本章对用户的综合标注动机和标签选择偏好的计算采用了因子分析的方法[对从各测量指标中提取出的公因子按其方差贡献率进行加权求和得出的用户在对应标注行为维度上的综合水平（得分）]，相对于一些研究中的方法（假设各测量指标在对应标注行为维度上权重相等而将其均值作为用户在该标注行为维度的综合水平）而言，本章采用的方法在与实际情况相符程度方面是对现有方法的改进。

第七章

社会化标注系统中兴趣偏好知识的挖掘与利用

7.1 挖掘兴趣偏好知识的目标——建立兴趣模型，推荐知识资源

在社会化标注系统中，用户共享的知识资源代表用户关注的知识领域和感兴趣知识主题，标签则是关于用户对知识资源的认知与理解的描述，是知识资源的元数据。因此，用户为资源添加的标签隐性地反映出用户所关注和感兴趣的知识主题，即标签能够在一定程度上反映用户的兴趣偏好。而用户的兴趣和偏好反映了用户的知识需求，是用户进行知识协同的切入点。挖掘社会化标注系统中用户的兴趣偏好知识，发现用户的知识需求，将系统中与用户知识需求存在较强关联的知识资源推荐给用户，从而驱动社会化标注系统中的用户知识协同，弥补用户的知识缺口，为知识的吸收、利用和协同创造准备条件，是社会化标注系统中用户隐性知识协同化管理的另一重要内容。

挖掘用户的兴趣偏好知识，就是以社会化标注系统中的知识协同主体——用户为研究对象，发现反映用户兴趣偏好的标签之间的关联并采用结构化的方式表示出来，即构建用户的以标签特征表示的兴趣模型。用户的兴趣模型是寻找兴趣相似用户和兴趣相似用户推荐满足其需求的知识资源，以便更好地实现基于协同的用户行为隐性知识利用的基础。

7.2 基于用户兴趣模型的知识资源推荐

7.2.1 基于用户兴趣模型的知识资源推荐思路

基于用户兴趣模型的知识资源推荐基于这样的假设：用户的兴趣爱好相似，则关注的知识资源内容或主题相似。某一用户关注的知识资源很可能也是与其具有相似兴趣偏好的用户感兴趣的知识资源。因此，笔者建立以标签表示的用户兴趣模型，实现基于用户兴趣模型的知识资源推荐。与传统的推荐系统的结构相似，基于用户兴趣模型的知识资源推荐系统模型主要由 4 个模块构成：用户兴趣建模模块、推荐对象建模模块、推荐算法模块和推荐评估模块[136]。各模块的功能及具体推荐思路如图 7-1 所示。

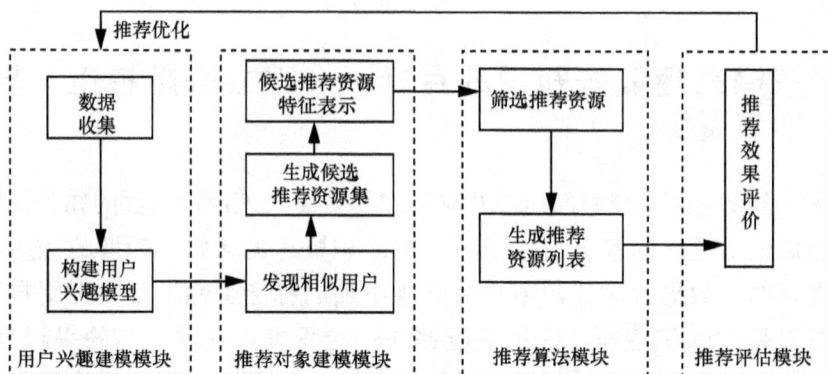

图 7-1 基于标签兴趣模型的知识资源推荐思路

首先，以用户为中心收集用户在社会化标注系统中的标注数据，抓取用户标注的所有资源和为资源标注的标签信息，构建以用户为中心的标注数据集。其次，建立用户以标签表示的特征向量，采用一定的算法生成用户以标签表示的用户兴趣模型。然后，对不同用户的兴趣向量模型进行相似度计算，找到当前用户的兴趣相似用户集。兴趣相似用户在社会化标注系统中拥有的知识资源在主题上具有较大的相关性，以兴趣相似用户的知识资源作为当前用户的候选推荐资源集合。根据候选推荐资源的用户与当前用户的兴趣相似度和资源的特征计算预测当前用户对该资源的评分，由得分较高的资源形成对当前用户的资源推荐列表。最后，对推荐结果进行评估，为社会化标注系统的推荐功能优化提供决策依据。

7.2.2 基于标签的用户兴趣模型构建

（1）数据准备

1）数据收集

数据收集可分为显性收集和隐性收集两种方式[137]。显性收集是用户主动填写的个人信息，包括用户名、自我描述标签或其好友对该用户描述的标签、用户对网络资源标注的标签等；隐性收集是挖掘用户与系统的交互，通过用户的隐式反馈来自动收集信息，如收集用户的浏览记录、搜索词和操作行为等信息。本书构建用户兴趣模型的数据收集属于显性收集。收集社会化标注系统中能够反映用户兴趣偏好的知识资源和为资源标注的标签，主要信息包括用户、用户标注的资源、资源的标签。对抓取到的标注信息建立数据库，形成以用户为中心的标注数据集。

2）数据的选择

对标签进行规范化处理后，统计每个用户的标签频次，选择其中的频次大于一定阈值的高频标签作为建立用户兴趣模型的数据。

（2）构建基于标签的用户兴趣模型

常用的兴趣模型有基于向量空间模型的表示法、基于评分矩阵的模型表示法、基于主题的模型表示法等。本书在标签向量空间模型的基础上，构建用户分层次的兴趣模型，根据用户的标签频次和标签对的共现情况，将用户的兴趣表示为具有两个层次的标签树形结构，第一个层次为兴趣主题层，第二层次是兴趣标签层。用户的标签树型结构不仅可以明确的表达用户和标签、标签和标签之间的关系，还能体现用户对各个主题及主题分支的喜好程度，使推荐更准确。用户兴趣的标签树形结构的构建步骤如下。

① 统计用户的标签频次和标签两两共同标注于同一资源的情况，构建用户以标签表示的特征向量和标签的共现矩阵。

用户标签特征向量：$u_i=\{(t_{i1},w_{i1}),(t_{i2},w_{i2}),\cdots,(t_{ij},w_{ij}),\cdots,(t_{in},w_{in})\}$，用于表示单个用户所标注的标签及其标签的权重，其中 t_{ij} 表示第 i 个用户标注的第 j 个标签，w_{ij} 表示第 i 个用户对第 j 个标签的使用频次，即该特征标签的权重为 w_{ij}。

构建所有标签的共现矩阵，矩阵的行和列均为标签，矩阵中的元素表示对应的行标签和列标签共同标注于同一资源的次数。从矩阵中可得出每个标签的标注总频次及标签与其他标签共现的情况。

② 对于单个用户的标签特征向量，将标签按标注的频次降序排序。

③ 设定用户兴趣标签树的初始根节点Root为用户名，将标签向量中频次最大的标签作为兴趣树根节点下的第一个子节点。

④ 以第一个子节点为当前根节点，判断根节点的子节点标签。

判断公式为：

$$x = \frac{\left| R_{T_i} \bigcap R_{T_j} \right|}{R_{T_i}}$$ （7-1）

其中，x表示标签T_i和T_j概念之间的距离，分子表示用户标签T_i和T_j共同出现的频次即两者共同标注的资源数，分母表示标签T_i标注的资源数，x越接近于1，说明标签间的概念距离越接近。计算出x之后，设定一定的阈值，当x大于阈值时，就说明标签T_j为标签T_i的子节点。

⑤ 将剩余的标签根据标签的使用频次降序排列大小，将频次最大的作为下一个子节点。

⑥ 重复步骤④⑤，直到用户所有的标签都加入到其相应的层次结构中，算法结束。

通过上述步骤，可以构建出每位用户的树形结构化的兴趣模型，根节点Root下的第一层标签节点是用户感兴趣的各个主题，第二层标签节点是用户对某主题的更详细的兴趣爱好。例如，某位用户对心理学和计算机学这两个主题感兴趣，在主题心理学中又关注美国的犯罪心理学，在主题计算机学中又偏好编程。

⑦ 计算标签节点权重。建立了表示用户兴趣的标签树形结构之后，需要考虑主题层和标签层中每个节点的权重，进一步明确用户兴趣的侧重点。计算权重时，先计算标签层各个标签的权重，再计算主题层各个标签的权重。具体步骤如下。

a. 标签层标签权重的计算。采用 *TF-IUF* 公式来计算各个主题下标签的权重[138]。*TF-IUF* 公式表示标签频率——逆用户频率指数，其含义是：如果某个标签被某个用户使用频率越高，而被其他用户使用的频率越低，那么该标签区分用户偏好的能力就越强，就越能代表用户的兴趣特征，其权值也就越大[139]；反之亦然。*TF-IUF* 公式为：

$$w_{in} = t_i f_i \times \log\left(\frac{N}{n_{t_i}} + 0.01\right)$$ （7-2）

其中，w_{in} 表示用户主题 $topic_n$ 下的第 i 个标签的权重；tf_i 为第 i 个标签被当前用户标注的频次，$\log\left(\dfrac{N}{n_{t_i}}+0.01\right)$ 为逆用户频率指数，其中 N 为用户集合 U 中用户总数，n_{t_i} 为用户集合 U 中使用过第 i 个标签的用户数[138]。

b. 主题层标签权重的计算。采用将各个主题下的标签权重取均值的方法来表示各个主题的权重[138]。

⑧ 用户兴趣模型的向量表示。构建好的用户兴趣模型实现了对用户兴趣偏好的分层、多维度的揭示，最后将其以兴趣标签向量的形式表示，为下一步计算用户兴趣相似度做准备。具体表示形式如下。

主题层：$P_{u_i}=\{(topic_1,\ w_1),\ (topic_2,\ w_2),\ \cdots,\ (topic_i,\ w_i),\ \cdots,\ (topic_n,\ w_n)\}$。

主题的标签向量：$topic_i=\{(t_1,\ w_1),\ (t_2,\ w_2),\ \cdots,\ (topic_j,\ w_j),\ \cdots,\ (t_m,\ w_m)\}$。

7.2.3　推荐资源的发现及其特征表示

（1）发现相似用户

构建好单用户以标签向量表示的兴趣模型之后，寻找与兴趣相似用户的任务就转变为寻找与目标用户的兴趣标签向量相似度大的用户。基于空间向量模型的相似性算法主要有余弦相似性算法和 Pearson 相似性算法。余弦相似度计算法是通过计算两个向量之间夹角的余弦值来衡量两向量的相似度的大小。Pearson 相似性算法是基于用户评分矩阵的，需要找到两个用户共同评分过的项目集，然后计算这两个向量的相关系数[139]。本书中用户的兴趣模型为两层的标签树形结构，将标签分成主题层和标签层，对单个用户树形结构模型中的节点及其权重构成的空间向量，采用改进的 Person 相似性计算方法进行向量的相似性计算。计算公式如下：

$$sim(u,v)=\frac{\displaystyle\sum_{i=1}^{n}(u_i-\overline{u})\times\sum_{j=1}^{m}(v_j-\overline{v})}{\sqrt{\displaystyle\sum_{i=1}^{n}(u_i-\overline{u})^2\times\sum_{i=1}^{m}(v_j-\overline{v})^2}} \tag{7-3}$$

其中，n 和 m 分别表示用户 u 和 v 感兴趣的主题个数，$\overline{u}$ 和 $\overline{v}$ 分别表示用户 u 和 v 的所有主题权重的平均值。u_i 和 v_j 分别表示用户 u 和 v 的第 i 个和第 j 个标签的权重。

（2）候选推荐资源集的特征表示

相似用户确定之后，相似用户标注的知识资源就是针对目标用户的候选推荐资源。对这些资源按照与相似用户相关的特征进行表示，例如，常见的候选推荐资源来自相似用户关注、收藏、发布、浏览及评价过的资源[140]，可将相似用户对候选推荐资源的这些操作和评价以一定的方式赋值，由此预测目标用户对资源的评分，将评分较高的资源推荐给目标用户[141]。本书以豆瓣读书网为标注数据来源，该网站用户不仅可根据个人意愿对自己喜爱的图书标注个性化的标签，而且可标注自己对该资源的阅读状态，包括"读过""想读""在读"。例如，如果用户标记了但是还没有开始阅读某本图书，则用户对这本书的阅读状态为"想读"。统计兴趣相似用户读过、想读、在读的图书，构建成针对目标用户的图书–相似用户矩阵，矩阵的行为候选推荐的图书资源，列为相似用户，矩阵中的元素为用户对候选推荐资源的阅读状态。

对不同阅读状态分别赋值，"读过"赋予 0.5，"在读"赋予 0.4，"想读"赋予 0.1，形成相似用户对每本候选推荐资源的推荐评分矩阵。

7.2.4　推荐算法

对于构建好的图书–相似用户阅读状态矩阵，设置相似用户对候选资源推荐评分的权重为该用户与目标用户的相似系数，计算得出每个候选推荐资源的推荐分值 X。

候选推荐资源 R_K 对当前用户 u_i 的推荐分值计算公式是：

$$X_{R_{Ki}} = \sum_{j=1}^{n} sim(u_i, u_j) \times w_{kj} \qquad (7-4)$$

其中，$X_{R_{Ki}}$ 表示资源 R_K 对用户 u_i 的推荐分值，$sim(u_i,u_j)$ 表示用户 u_j 与目标用户 u_i 之间的相似度系数，w_{kj} 表示用户 u_j 对资源 R_k 的推荐权重。

最后，按推荐得分由高到低排序，将排在前面的一定数量的资源推荐形成列表推荐给目标用户。

7.2.5　推荐效果评价

对于一个封闭的测试集，信息资源推荐的效果通常用准确率（Precise）和召回率（Recall）来测评[142]。准确率是衡量推荐准确性的指标，即推荐的信息资源的条目有多少是用户确实需要的，即准确的。召回率是衡量推荐的资源是否全面的指标，即所有准确的信息资源有多少被推送给目标用户。准确率、召回率分别表示如下：

$$Precision = \frac{\left| R_{(u)} \cap T_{(u)} \right|}{\left| R_{(u)} \right|} \qquad (7-5)$$

$$Recall = \frac{\left| R_{(u)} \cap T_{(u)} \right|}{\left| T_{(u)} \right|} \qquad (7-6)$$

其中，u 表示目标用户，$R_{(u)}$ 为目标用户 u 的长度为 N 的推荐列表，该表包含用户可能会感兴趣的资源项，$T_{(u)}$ 为用户实际上感兴趣的资源集。

社会化标注系统是一个开放的系统，对用户推荐资源效果的评价目前主要采用推荐准确率指标，准确率的方法有：通过问卷调查得到用户对推荐效果的满意程度；邀请目标用户在系统为其推荐的资源列表中选择自己感兴趣的资源，通过用户感兴趣的资源在推荐列表中所占比例进行推荐效果评价；邀请专家判断目标用户推荐的资源与用户读过的资源在主题内容上的相关程度。

7.3　实证分析

7.3.1　数据准备

（1）用户标注数据集的采集

首先从本书第五章"社会化标注系统中认知维度隐性知识的挖掘与利用"的实证分析部分所构建的资源标注数据集中，随机选取标注过"心理"类图书的用户 120 位。然后以这 120 位用户在豆瓣网中的 URL 为数据抓取软件的输入节点，抓取每个用户在"豆瓣读书"中标记过的所有已读、在读和想读的图书及对应的标签，构成用于挖掘用户兴趣偏好的用户标注数据集。采集的具体信息项包括：图书名、ISBN、图书的 URL、标注该图书的用户名、用户对该图书的状态和标注的标签。

（2）用户标注数据的清洗

对获取到的用户标注数据，以拥有的标签个数大于等于 5 为选择标准，得到 75 个用户。75 个用户共标注了 5609 本图书，总被标注人次为 8223。对标签进行删除无意义字符、统一书写格式、繁体简化等规范化处理后，得到 5609 本图书的 487 个不重复的标签，总标签频次为 11 363。

7.3.2 用户兴趣模型的建立

（1）用户的标签特征向量表示和标签共现矩阵的构建

统计每个用户标注的标签频次，构建用户的标签特征向量如表 7-1 所示。

表7-1 用户的标签特征向量

用户	小说	心理学	历史	日系推理	中国	文学	…	传记
ARiKA	159	20	105	0	59	39	…	36
紫树湖畔	52	26	42	0	4	8	…	7
远骋	102	14	31	0	7	2	…	18
水彩墨	14	13	10	0	6	11	…	7
胡之欣	24	12	26	0	24	7	…	3
REM	2	20	4	0	2	3	…	1
lost狄恩	33	3	25	0	3	2	…	10
菌	4	10	7	0	2	1	…	4
乐。之何。	0	1	0	0	1	6	…	0
…		…		…		…	…	…
江户川之梦	4	9	0	116	1	1	…	0

统计 487 个标签被用户两两共同标注于同一图书的频次，构建标签共现矩阵，矩阵的行和列均为标签，矩阵中的元素表示两个标签同时标注于同一本书的频次。所构建的标签共现矩阵如表 7-2 所示。

表7-2 用户的标签共现矩阵

	小说	历史	文化	心理学	哲学	传记	…	佛教
小说	524	12	4	5	7	1	…	0
历史	12	280	55	0	9	26	…	3
文化	4	55	215	1	7	4	…	5
心理学	5	0	1	323	12	0	…	1
哲学	7	9	7	12	184	1	…	3
传记	1	26	4	0	1	105	…	0
…	…	…	…	…	…	…		…
佛教	0	3	5	1	3	0	0	67

（2）选择用户的兴趣标签

将单个用户的标签向量按用户使用频次降序排列，选取用户的前 10 个高频标签建立用户兴趣树。例如，表 7-3 显示数据集中 3 个用户胡之欣、紫树湖畔和远聘的排名前 10 位的高频标签、标签频次和使用过该标签的其他用户数。为构建用户的标签兴趣树和计算标签的权重提供数据准备。

表7-3　构建用户兴趣树模型的高频标签信息

序号	胡之欣			紫树湖畔			远聘		
	标签	频次	用户数	标签	频次	用户数	标签	频次	用户数
1	历史	26	25	小说	52	40	小说	102	40
2	中国	24	23	历史	42	25	日本	44	26
3	小说	24	40	建筑	37	11	村上春树	33	14
4	文化	21	21	哲学	28	28	历史	31	25
5	美国	20	19	心理学	26	62	管理	26	16
6	哲学	18	28	外国文学	21	31	IPodTouch	25	1
7	社会学	18	22	设计	21	13	美国	23	19
8	科普	14	14	科普	20	14	政治	21	14
9	政治	13	14	文化	16	21	传记	18	22
10	心理学	12	62	建筑理论	15	3	创业	16	6

（3）构建用户的兴趣标签树

以用户"胡之欣"为例。以用户姓名"胡之欣"作为其兴趣树的根节点，在标签共现矩阵中提取用户的高频标签的共现矩阵，该用户的标签共现矩阵如表 7-4 所示。矩阵中的元素为行和列对应的标签共现的次数，对角线上的数字为该标签在数据集中出现的频次。

表7-4　用户"胡之欣"的高频标签共现矩阵

	小说	心理学	历史	文化	哲学	中国	美国	社会学	科普	政治
小说	524	5	12	4	7	22	20	0	1	9
心理学	5	323	0	1	12	1	3	9	10	0
历史	12	0	280	55	9	41	13	12	2	31
文化	4	1	55	215	7	23	13	9	2	9
哲学	7	12	9	7	184	3	3	8	8	2
中国	22	1	41	23	3	112	1	3	0	9
美国	20	3	13	13	3	1	97	7	4	18
社会学	0	9	12	9	8	3	7	93	4	6
科普	1	10	2	2	8	0	4	4	85	0
政治	9	0	31	9	2	9	18	6	0	73

以其中频次最高的标签"小说"为用户兴趣树根节点下的第一个子节点。

然后，以第一个子节点标签"小说"为当前根节点，利用公式（7-1）计算其他标签与标签"小说"的距离来确定它们之间的上下位节点关系，距离值越大，两个标签的关系越紧密。经计算，标签"心理学""历史""文化""哲学""中国""美国""社会学""科普""政治"与根节点标签"小说"的距离依次为 0.0095、0.0229、0.0076、0.0134、0.0420、0.0382、0.0000、0.0019、0.0172。设定一个阈值 α，将距离大于 α 的标签作为"小说"的子节点。经过多次试验对比，当 $\alpha=0.01$ 时构建的兴趣树较为合理，因此确定 $\alpha=0.01$ 为判断子节点的距离标准。因此，将距离大于 0.01 的标签"历史""哲学""中国""美国""政治"作为"小说"的子节点。

再以剩余标签中频次最大的标签"心理学"作为用户兴趣树根节点的第二个子节点，依照利用公式（7-1）计算剩余标签与"心理学"标签的距离，得到与之距离大于 0.01 的标签"社会学""科普"，将它们作为"心理学"的子节点。

再将剩余标签中频次最大的标签"文化"作为根节点的第三个子节点，根据距离阈值判断它的子节点。直到所有标签形成一个两级的树状结构。本例中，"文化"已经是该用户的最后一个标签，不再有子节点。最终，将用户的兴趣偏好表示为一个具有两层结构的标签树。

如图 7-2 所示，用户"胡之欣"的兴趣模型由两层构成，第一层为主题层，其兴趣主题有 3 个：小说、心理学和文化。第二层为兴趣标签层，说明用户兴趣主题的详细内容。例如，该用户比较偏好历史、哲学、政治题材的小说；从国别上看，对中国和美国小说感兴趣。心理学方面，喜欢社会心理和一些心理学科普相关的知识。在文化方面，根据用户的标签，目前还挖掘不到其更为具体的兴趣内容。随着时间的推移，用户在社会化标注系统中共享的资源和标签积累得越来越多，新的用户兴趣偏好将会被挖掘出来。

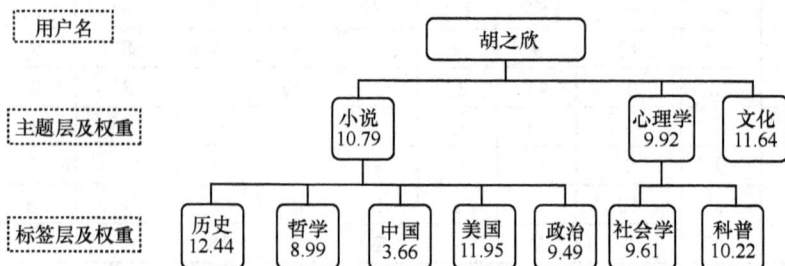

图 7-2 用户"胡之欣"的兴趣模型

（4）兴趣树中标签节点权重的计算

兴趣树中标签节点的权重用于表示用户对某一兴趣标签主题的偏好程度，计算时由下往上逐层进行。

首先利用公式（7-2）计算标签层的每一个节点的权重。针对用户"胡之欣"兴趣模型中标签层每一个标签，抽取表7-3中用户对该标签的使用频次、系统中使用该标签的其他用户数信息和系统总人数信息（用户总数为75），计算得出标签层每一个标签的权重。其次，计算主题层标签下每个标签层标签节点权重均值，得到每个主题标签节点的权重。用户"胡之欣"的兴趣模型中主题层和标签层中各标签的权重见图7-2中标签对应的数字，用户的3个兴趣主题由主到次为"文化""小说""心理学"。在"小说"方面，对历史小说、美国小说更为感兴趣。

利用相同的方法，构建其他用户的兴趣模型。图7-3和图7-4显示另两位用户的兴趣模型。

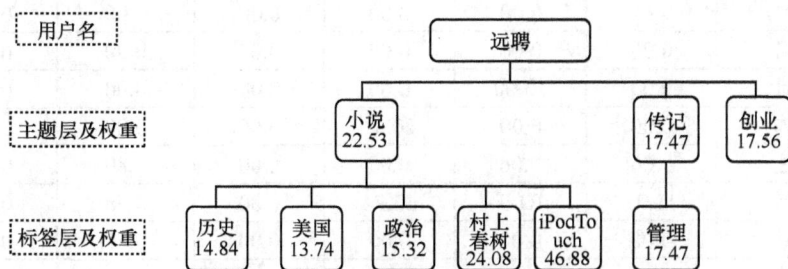

图7-3　"远聘"用户的兴趣模型

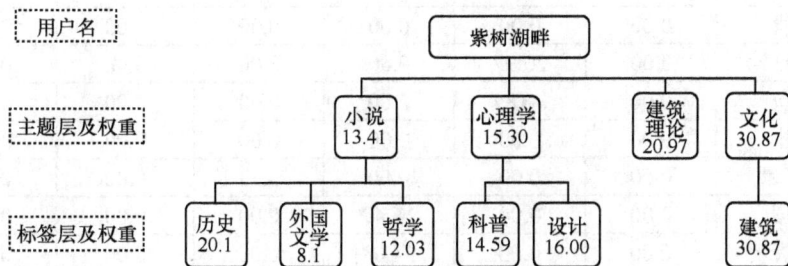

图7-4　"紫树湖畔"用户的兴趣模型

（5）用户兴趣模型的向量表示

将用户的主题层和标签层的各标签及权重以向量的形式表示，构建成用户的兴趣偏好矩阵。如表7-5所示（转置矩阵），用户兴趣偏好的矩阵中，行为用户的兴趣标签，列为用户，矩阵中的元素为用户对应兴趣标签的权重。

表7-5　用户的兴趣偏好矩阵（转置）

	胡之欣	紫树湖畔	远骋	水彩墨	lost狄恩	菌
中国	12.35	0.00	0.00	0.00	0.00	0.00
政治	9.49	0.00	15.32	0.00	6.57	0.00
哲学	7.73	12.03	0.00	0.00	0.00	3.01
艺术	0.00	0.00	0.00	0.00	0.00	5.16
心理学	1.03	2.24	0.00	1.12	0.00	0.86
小说	6.61	14.32	28.08	3.85	9.09	0.00
文学	0.00	0.00	0.00	5.26	0.00	0.00
文化	11.64	8.86	0.00	0.00	0.00	0.00
外国文学	0.00	8.10	0.00	3.08	3.85	2.70
随笔	0.00	0.00	0.00	2.60	4.46	0.00
思维	0.00	0.00	0.00	3.20	0.00	0.00
生命	0.00	0.00	0.00	0.00	0.00	11.33
社会学	9.61	0.00	0.00	0.00	0.00	0.00
社会	0.00	0.00	0.00	0.00	0.00	6.37
设计	0.00	16.00	0.00	0.00	0.00	0.00
日本	0.00	0.00	20.31	0.00	0.00	0.00
民主	0.00	0.00	0.00	0.00	3.89	0.00
美国	11.95	0.00	13.74	0.00	3.58	0.00
林达	0.00	0.00	0.00	0.00	5.88	0.00
励志	0.00	0.00	0.00	3.60	0.00	0.00
历史	12.44	20.10	14.84	4.79	11.96	3.35
科普	10.22	14.59	0.00	0.00	0.00	0.00
教育	0.00	0.00	0.00	0.00	0.00	7.21
建筑理论	0.00	20.97	0.00	0.00	0.00	0.00
建筑	0.00	30.87	0.00	0.00	0.00	0.00
绘本	0.00	0.00	0.00	0.00	0.00	8.06
回忆录	0.00	0.00	0.00	5.53	0.00	0.00
管理	0.00	0.00	17.47	0.00	0.00	0.00
村上春树	0.00	0.00	24.08	0.00	0.00	0.00
创业	0.00	0.00	17.56	0.00	0.00	0.00
传记	0.00	0.00	9.61	3.74	5.34	0.00
冰与火之歌	0.00	0.00	0.00	0.00	5.09	0.00
爱	0.00	0.00	0.00	0.00	0.00	5.58
iPodTouch	0.00	0.00	46.88	0.00	0.00	0.00

7.3.3　计算用户兴趣相似性

将用户的兴趣偏好矩阵（表 7-5）导入SPSS19.0，按照公式（7-3）计算用户之间的Pearson相关系数，得到用户之间的兴趣相似性大小，计算结果见表 7-6。

表7-6　用户兴趣偏好的Pearson相似系数

	胡之欣	紫树湖畔	远骋	水彩墨	lost狄恩	菌
胡之欣	1.000	0.232	0.065	−0.051	0.315	−0.178
紫树湖畔	0.232	1.000	−0.070	0.039	0.173	−0.136
远骋	0.065	−0.070	1.000	−0.014	0.238	−0.258
水彩墨	−0.051	0.039	−0.014	1.000	0.380	−0.183
lost狄恩	0.315	0.173	0.238	0.380	1.000	−0.145
菌	−0.178	−0.136	−0.258	−0.183	−0.145	1.000

选取一定数量的与目标用户兴趣相似性大的用户作为当前用户的兴趣相似用户。例如，以"胡之欣"为目标用户，选择与其相似系数大于 0 的 3 位用户"紫树湖畔""远骋"和"lost狄恩"为该用户的兴趣相似用户，将他们标注的图书作为对目标用户"胡之欣"的候选推荐资源集。

7.3.4　建立和表征候选推荐资源集

将兴趣相似用户在系统中标注的资源作为向目标用户的候选推荐资源集，并表征其具有推荐价值的属性。对于目标用户"胡之欣"，其候选推荐资源集为与其兴趣相似的 3 位用户标注的图书，共有 1020 本图书。对 1020 本图书与其推荐价值有关的属性——阅读状态进行统计，对读过、在读、想读 3 种阅读状态分别赋值 0.5、0.4、0.1，未标注的则赋值为 0，形成兴趣相似用户关于候选推荐资源的推荐特征值。如表 7-7 中所示的第 2 列数字即为与目标用户"胡之欣"兴趣相似度高的 3 位用户标注过的图书形成的候选推荐资源集，第 3、第 4、第 5 列则表示用户对图书的阅读状态确定的推荐特征值。

表7-7　候选推荐资源及阅读状态特征信息（部分）

ID	书名	紫树湖畔	远骋	lost狄恩	推荐值
95	傲慢与偏见	0.5	0.5	0.5	0.306
517	明朝那些事儿（贰）	0.5	0.5	0.5	0.306
523	明朝那些事儿（壹）	0.5	0.5	0.5	0.306

续表

ID	书名	紫树湖畔	远骋	lost狄恩	推荐值
620	三体	0.5	0.5	0.5	0.306
883	一九八四	0.5	0.5	0.5	0.306
105	白夜行	0.4	0.5	0.5	0.2828
156	常识	0.4	0.5	0.5	0.2828
798	我执	0.5	0.1	0.5	0.28
637	少有人走的路	0.4	0.4	0.5	0.2763
107	百年孤独	0.5	0	0.5	0.2735
518	明朝那些事儿（陆）	0.5	0	0.5	0.2735
519	明朝那些事儿（柒）：大结局	0.5	0	0.5	0.2735
520	明朝那些事儿（叁）	0.5	0	0.5	0.2735
521	明朝那些事儿（肆）	0.5	0	0.5	0.2735
522	明朝那些事儿（伍）	0.5	0	0.5	0.2735
624	三重门	0.5	0	0.5	0.2735
680	史蒂夫·乔布斯传	0.5	0	0.5	0.2735
413	看见	0.4	0	0.5	0.2503
337	活着	0.1	0.5	0.5	0.2132
4	1988：我想和这个世界谈谈	0	0.5	0.5	0.19
5	1Q84 BOOK 1	0	0.5	0.5	0.19
6	1Q84 BOOK 2	0	0.5	0.5	0.19
7	1Q84 BOOK 3	0	0.5	0.5	0.19
98	把时间当作朋友	0	0.5	0.5	0.19
205	当我谈跑步时，我谈些什么	0	0.5	0.5	0.19
238	独唱团（第一辑）	0	0.5	0.5	0.19
240	杜拉拉升职记	0	0.5	0.5	0.19
271	高效能人士的七个习惯（精华版）	0	0.5	0.5	0.19
332	黄金时代	0	0.5	0.5	0.19
428	狼图腾	0	0.5	0.5	0.19
430	老人与海	0	0.5	0.5	0.19
538	你好，忧愁	0	0.5	0.5	0.19
544	挪威的森林	0	0.5	0.5	0.19
557	平凡的世界（全三部）	0	0.5	0.5	0.19
610	如何阅读一本书	0	0.5	0.5	0.19
664	盛世	0	0.5	0.5	0.19

续表

ID	书名	紫树湖畔	远骋	lost狄恩	推荐值
730	檀香刑	0	0.5	0.5	0.19
764	往事并不如烟	0	0.5	0.5	0.19
765	围城	0	0.5	0.5	0.19
839	小王子	0	0.5	0.5	0.19
847	心是孤独的猎手	0	0.5	0.5	0.19
854	行走中的玫瑰	0	0.5	0.5	0.19
928	遇见未知的自己	0	0.5	0.5	0.19
1009	总统是靠不住的	0	0.5	0.5	0.19
778	我的奋斗	0.1	0.1	0.5	0.1872
801	乌合之众	0.1	0.5	0.4	0.1817
144	不能承受的生命之轻	0.1	0	0.5	0.1807
954	正能量	0.1	0	0.5	0.1807
108	爆发	0	0.1	0.5	0.164
130	别做正常的傻瓜	0	0.1	0.5	0.164

7.3.5　资源推荐算法

以目标用户的兴趣相似度为权重，利用公式（7-4）计算每条资源的推荐值（表 7-7 中的第 6 列），将其由高到低排序，选取排在前面的一定数量资源生成推荐列表。以表 7-7 中的图书《傲慢与偏见》为例，其推荐值由列表中 3 个用户对该书的阅读状态对应的推荐特征值以他们与目标用户的兴趣相似系数为权重经过加权求和计算而获得，3 位用户与目标用户的兴趣相似系数依次为 0.232、0.065 和 0.315，按照公式（7-4），图书《傲慢与偏见》对于目标用户的推荐值为：$0.232 \times 0.5 + 0.065 \times 0.5 + 0.315 \times 0.5 = 0.306$。计算所有候选资源的推荐值，计算结果见表 7-7 的第 6 列。笔者选取得分大于 0.18 的48 本图书作为对目标用户的推荐图书列表。在实际的社会化标注系统中，可从该列表中删除目标用户已经读过的图书并确定一个数量较小的推荐资源集形成对用户的推荐资源列表，以恰当的方式推送给用户。

7.3.6　推荐效果

目标用户"胡志欣"所有标注过的图书数量 253,在为其推荐的 48 本推荐得分大于 0.18 的图书。其中，有 10 本图书为该用户已读的图书；有 2 本图书与用户已读的书同名但版本不同，它们是《一九八四》和《平凡的世界（全三部）》，对应于目标用户已读的书目《1984》和《平凡的世界》。因此，完全符合用户需求的图书为 12 本，在推荐资源列表中所占比例为 25%；其余的图书资源为与用户兴趣相关、用户可能会阅读和标注的图书。

对于推荐效果的评价，由于用户对推荐资源是否感兴趣的数据难以获取和专家评分的方法需要大量的时间和人力投入，本书仅通过实例说明如何进行推荐效果评价，基于大规模数据的评价方法实施还有待进一步的研究进展。

7.4 小结

本章通过建立社会化标注系统中用户以标签表示的兴趣模型，发现用户感兴趣的知识主题和详细内容，将用户的隐性知识需求和兴趣偏好通过形式化的表示，使其成为社会化标注系统中的显性知识。在此基础上，提出基于用户的兴趣模型为目标用户寻找兴趣相似用户并推荐符合兴趣需求的知识资源的方法。一方面有利于系统中其他用户找到与其志趣相投的用户，进而通过志趣相投用户发现更多有用的知识资源；另一方面，社会化标注系统可根据用户的兴趣偏好为其推荐符合需求的知识资源，为用户实施个性化服务。两者有利于促进用户在社会化标注系统中进行知识共享、标注、传播和利用等协同知识管理活动的积极性和提高知识管理效率。

第八章
社会化标注系统中的协同知识
管理效率评价

　　用户在社会化标注系统中的协同知识管理活动是一个由"投入-产出"各要素相互依赖和相互作用的复杂过程，如何优化配置用户现有的知识、时间、精力和社会化标注系统功能等资源要素，使用户在知识获取、共享、交流、吸收与利用等知识管理活动过程中以较少的投入获得较大的产出，产生"1+1>2"的知识协同效益，不仅是用户和组织不断发展进步的关键所在，而且是社会化标注系统保持良好运营需要解决的关键问题。因此，通过定量的方法准确测度不同用户在社会化标注系统中的知识管理效率，对于提升用户获取、共享、吸收利用知识资源以实现知识创新的广度与深度，以及促进社会化标注系统的健康发展都具有重要的现实意义。

　　本书从知识管理的有效性出发，将社会化标注系统中的每个用户看作一个独立的决策单元，识别社会化标注系统中用户知识管理活动过程中的投入产出指标，采用评价多输入、多产出系统相对有效性的DEA（数据包络分析）方法对不同决策单元的知识管理有效性进行评价，并根据评价结果比较不同背景用户群体在社会化标注系统中进行协同知识管理的有效程度，指出对DEA无效用户的改进方向。

8.1　社会化标注系统中协同知识管理效率的评价模型

　　数据包络分析（Data Envelopment Analysis，DEA）是一种基于线性规划的用于评价同类型组织（或项目）工作绩效相对有效性的特殊工具手段，由美国的Chrnes、Cooper和Rhodes 3人于1978年首次提出。数据包络分析方法将被评价的对象称为决策单元（Decision Making Unit，DMU），它们各自具有相同（或相近）的投入和相同的产出。DMU可以是任何具有可测量的投入与产出（或输入与输出）的部门、单位，如厂商、学校、医院、项目执行单位（区域），也可以是个人，如教师、学生、医生、用户等。数据包络分析是以相对效率为基础，对多个被评价单元的多指标投入与产出关系进行系统分析，以多个投入产出数据作为决策单元的输入输出数据，利用数学规划计量决策单元之间的相对有效性，判断决策单元是否位于"生产前沿面"上的一种计量方法[143]。

目前，最具代表性的DEA模型为C^2R模型和BC^2模型。C^2R模型以总体有效性为基础，综合考虑决策单元的技术有效性和规模有效性，而BC^2模型只评价决策单元技术效率[144]。DEA模型可以分为输入导向和输出导向的模型，前者是指在产出水平一定的情况下，使投入最小化；后者是指在投入水平既定的情况下，使产出最大化[145]。社会化标注系统中，对用户在协同知识管理活动中投入要素量的控制比对产出要素量的控制更容易，因此评价社会化标注系统中用户协同知识管理效率适合采用输入导向的模型。

8.1.1 C^2R模型

C^2R模型的基本原理如下。假设有n个DMU，每个DMU_j都有m种类型的投入（表示对资源的消耗）x_j和s种类型的产出（资源消耗的成果）y_j。给最初的C^2R模型引进松弛变量s^-、s^+，通过等价线性变换，考虑非阿基米德无穷小量的概念，得到如下C^2R模型：

$$\min[\theta - \varepsilon(\hat{e}^T s^- + e^T s^+)]$$

$$s.t. \begin{cases} \sum_{j=1}^{n} x_j \lambda_j + s^- = \theta x_0 \\ \sum_{j=1}^{n} y_j \lambda_j - s^+ = y_0 \\ \lambda_j \geqslant 0, j = 1, \cdots, n \\ s^- \geqslant 0, s^+ \geqslant 0 \end{cases} \tag{8-1}$$

式中：x_0，y_0是被评价的决策单元DMU_{j0}投入产出向量；θ表示该决策单元的相对效率（指投入相对于产出的有效利用程度）；$\varepsilon > 0$，代表非阿基米德无穷小量，实际应用中可以取值为10^{-6}；λ为向量参数。设问题(8-1)的最优解为θ^0，s^{-0}，s^{+0}，则有：

① 当$\theta^0 = 1$，$s^{-0} = s^{+0} = 0$时，则称DMU_{j0}为DEA有效，即在这n个决策单元组成的经济系统中，在原投入x_0的基础上所获得的产出y_0已达到最优。

② 当$\theta^0 = 1$，$s^{-0} \neq s^{+0} \neq 0$时，则称$\text{DMU}_{j0}$仅为DEA弱有效，即在这即在这$n$个决策单元组成的经济系统中，即使把投入$x_0$减少$s^{-0}$仍可保持原产出$y_0$不变，或在投入$x_0$不变的情况下可将产出$y_0$提高$s^{+0}$。

③ 当$\theta^0 < 1$时，则称DMU_{j0}为DEA无效，即在这n个决策单元组成的经济系统中，可通过组合将投入降至原投入x_0降至θ^0比例而保持原产出y_0不变。

8.1.2　BC^2模型

考虑到综合效率可以分成两个部分：纯技术效率和规模效率，为单纯评价决策单元的技术效率是否达到最优，可引入限制条件：

$$\sum_{j=1}^{n} \lambda_j = 1$$

即，允许规模收益可变，得到如下BC^2模型：

$$\min[\theta - \varepsilon(\hat{e}^T s^- + e^T s^+)]$$

$$s.t. \begin{cases} \sum_{j=1}^{n} x_j \lambda_j + s^- = \theta x_0 \\ \sum_{j=1}^{n} y_j \lambda_j - s^+ = y_0 \\ \sum_{j=1}^{n} \lambda_j = 1 \\ \lambda_j \geqslant 0, j = 1, \cdots, n \\ s^- \geqslant 0, s^+ \geqslant 0 \end{cases} \quad (8\text{-}2)$$

其中，θ代表相对效率，此时有$\theta = 1$，则DMU_{j0}为技术弱有效；$\theta = 1$且$s^{-0} \neq s^{+0} \neq 0$，则$\text{DMU}_{j0}$为技术有效，则它一定位于有效生产前沿面上。

8.1.3　规模有效性

通过总效率与纯技术效率的比值，可以求出规模效率。规模效率等于1，表示DMU_{j0}处于规模报酬有效状态，也就是固定规模报酬状态。规模效率小于1，表示DMU_{j0}处于规模报酬无效状态，规模无效包括规模收益递增和规模收益递减两种情况，可通过规模收益指数 $k = \frac{1}{\theta}\sum_{j=1}^{n}\lambda_j$ 来判断。当 $k < 1$ 时，表示规模收益递增；当 $k > 1$ 时，表示规模收益递减[146]。

8.1.4 对无效决策单元的改进

若决策单元DEA无效，可以通过计算、求解该决策单元 DMU_{j_0} 对应的 (x_0, y_0) 在DEA相对有效前沿面上的"投影"，即根据公式(8-3)做变换，得到的 $(\hat{x}_0, \hat{y}_0)$ 即为无效决策单元的改进值，它为改进无效决策单元提供了一个可行性方案，可根据这个"投影"找出决策单元DEA无效的原因和对策：

$$\begin{cases} \hat{x}_0 = \theta^0 - s^{-0} \\ \hat{y}_0 = y_0 + s^{+0} \end{cases} \qquad (8\text{-}3)$$

8.2 协同知识管理效率的 DEA 评价指标体系

社会化标注系统中用户从事的协同知识管理活动是一个多输入、多输出的、复杂的、系统化的过程，知识管理活动中既有知识的投入又有知识的产出，并且知识的非结构化程度高，许多环节不易观察。因此，评价社会化标注系统中用户的协同知识管理效率是一个复杂的新问题，需要结合现代管理学、认知心理学和行为动力学等多学科理论，以用户在社会化标注系统中的协同知识管理活动实践为中心，从用户的认知能力、认知心理、内在动机、知识活动实践和自我效能感等维度，分析决策单元（用户）进行协同知识管理活动的投入和产出要素。遵循评价指标的构建原则，建立反映各项投入、产出要素的测量指标，形成一套较为完整的适用于社会化标注系统中用户协同知识管理效率的评价指标体系。

8.2.1 DEA 投入指标的选取

投入指标用以衡量用户在社会化标注系统中进行协同知识管理活动中投入的各种资源的量。协同知识管理效率的高低不仅取决于知识协同主体产出的大小，而且取决于知识协同主体的投入，只有使投入的各种资源达到了最有效的利用才能获得高效率，即资源配置达到了帕累托最优。社会化标注系统中知识协同主体的投入要素可从用户的知识存量、知识管理行为动力和知识劳动投入3个方面考虑。

（1）用户的知识存量

知识协同效应的产生不仅取决于知识发送方共享的知识，而且取决于知识接受方对知识的认知能力和接受能力。用户的知识存量在一定程度上决定了用户的理解和接受新知识的能力。因此，可将代表用户知识存量的受教育程度——学历作为用户从事协同知识管理活动的投入指标，按受教育程度对不同用户的知识存量指标赋予不同分值。

（2）行为动力

社会化标注系统是一个开放、自由的网络知识资源管理系统，用户参与到社会化标注系统中进行共享资源、标注资源和基于标签和资源的知识交互等完全是一种自觉自愿的行为。用户使用社会化标注系统的动机、对社会化标注系统中有用感知及对标签的使用倾向都是推动用户利用社会化标注系统进行知识管理的内部推动力，这种推动力的强弱或大小对用户及整个社会化标注系统的知识管理效率具有重要的影响作用。因此，可将用户使用社会化标注系统的标注动机强度、用户对标签有用感知程度和用户选择标签的倾向程度作为用户协同知识管理效率的投入指标。

（3）知识劳动投入

知识劳动是以知识要素投入为主，受过专业技术训练，具有高智能的、掌握先进技术、具有创新性思维的劳动者进行的以知识创新为主要内涵的高级复杂劳动，是标志知识经济性质的一种特定劳动范畴。马克思说："我们把劳动力或劳动能力，理解为人的身体即活的人体中存在的，每当人生产某种使用价值时就运用的体力和脑力的总和。"这表明，劳动即是体力和脑力的支出。知识劳动是包含了知识、科技、管理、信息等知识要素的体力和脑力的支出。因此，社会化标注系统中用户与他人进行的知识共享、知识标注及知识交流互动等知识活动都是以知识的创新和有效利用为目的的体力和脑力的支出或投入。

根据社会化标注系统的功能和特点，用户在社会化标注系统中的知识劳动投入包括3种：知识共享、标签标注和知识交互。其中，知识共享是指用户在社会化标注系统中创建、上传或转载信息与其他用户分享知识的智力劳动，而社会化标注系统是用户共享知识资源的平台，因此可采用用户使用社会化标注系统的程度，即用户每周使用社会化标注系统的频度来测度用户的知识共享劳动投入要素；标签标注是指用户在共享知识资源时为资源添加的标签，是反映用户的见解、观点、评价、感情等隐性知识的细粒度知识资源，可采用用户对标签的使用程度（率）对标签标注要素进行测度；知识交互是指用户在社会化标注系统中与系统和其他用户进行的多种形式的知识交流与互动活动。知识交互是实现协同化知识管理的关键，而建立知识关联是实现知识交互的前提。社会化标注系统中用户进行知识交互的形式除了直接在系统中进行检索、订阅和浏览系统中的知识资源外，还可以通过基于标签建立的知识关联而找到同趣好友、评论他人资源、寻求帮助等与其他人建立互动关系。因此，可依据上述分析内容建立反映对以上多种知识交互方式使用程度的多个测量指标来测度用户在社会化标注系统中的知识交互劳动投入。

8.2.2 DEA 产出指标的选取

判断协同化知识管理是否成功不仅要考察其直接的投入产出状况，而且要重视考察个人或组织能力、态度、意愿等通过对知识资源的有效开发和交互活动而得到的提升状况，即协同知识管理的间接产出。对于社会化标注系统中用户进行协同知识管理的产出要素，可从协同知识管理绩效的以下两个方面进行考虑。

一是任务的达成率，例如，社会化标注系统中知识资源的有序化程度、查找和发现知识资源的效率等；二是用户自我效能感的改变程度，例如，用户变得更愿意分享资源、开阔了视野、获得成就感等。据此，对产出要素的测度需围绕用户知识管理任务达成率和自我效能感的变化建立多项测量指标。

根据以上分析，本书构建的社会化标注系统中用户协同化知识管理效率的 DEA 评价指标体系如图 8-1 所示。其中用户的知识存量、知识共享和标签标注 3 个一级指标分别通过用户的受教育程度、用户使用社会化标注系统的频次和用户共享资源时对资源的标注率表示。其余 6 个一级指标又细分为若干个二级指标。

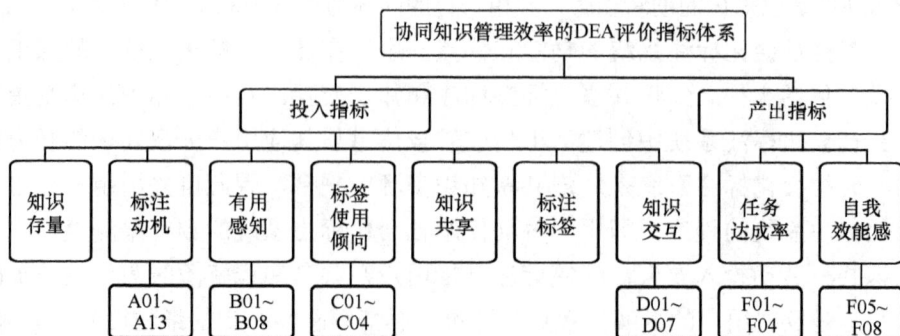

图 8-1 社会化标注系统中用户协同化知识管理效率评价指标体系结构

8.3　协同知识管理效率的评价

构建好投入、产出评价指标体系后，社会化标注系统中用户的协同化知识管理效率的评价可划分为 3 个步骤：数据获取、数据处理和 DEA 评价。

8.3.1　获取指标数据

决策单元的投入、产出指标数据可是统计调查得到的生产、服务和交易中产生的定量数据，也可以是通过专家访谈、问卷调查等获得的定性数据。本书对用户在社会化标注系统中的协同知识管理的投入、产出指标数据以《用户对社会化标注系统中的使用行为调查》问卷为数据源。其中的一级指标为单选题，2 级指标采用 Likert 5 量表获得测量数据，5 代表非常符合，1 代表非常不符合。

8.3.2　数据处理

对获取 DMU 指标数据的处理包括两个过程：因子分析和正向化处理。

（1）因子分析

根据全面性和系统性原则，本书设计了较为详尽的投入产出测量指标。又考虑到指标之间的独立性原则和重点突出原则，需要采用因子分析的方法研究量表题中的投入指标和产出指标变量之间的内部依存关系，用少数几个抽象变量（提取出的潜在公共因子）来表示其原始数据结构，将多个相关联的数值指标转化为少数几个互不相关的综合指标，旨在通过因子分析提取出少量能够反映投入指标和产出指标的大部分信息的潜在的公共因子，用一个新的、更小的由原始变量集组合成的新变量集做进一步分析。

（2）正向化处理

因子分析得到的因子得分是标准化后的数据，部分投入指标和产出指标的因子得分中存在负数，负值无法作为 DEA 模型的输入输出值[147]。因此，如果因子得分出现负值，则需要对公因子得分进行正向化处理。

8.3.3　协同知识管理效率的 DEA 分析

将需要评价的 n 个决策单元的输入与输出数据代入上述线性规划模型，分别解其最优解，从而得到每个评价单元的评价效率指数，并进行相对效率评价。

8.4 实证分析

8.4.1 样本数据

以《用户对社会化标注系统的使用行为调查》问卷数据中 684 位有效用户为研究对象，对问卷中反映用户进行协同知识管理的投入、产出指标的问题项数据进行DEA 分析。分析数据包括 3 个单选题和 6 个量表题，6 个量表题涉及 32 个投入测量指标和 8 个产出测量指标。

8.4.2 数据处理

（1）因子分析

采用 SPSS19.0 对知识管理的投入、产出指标量表中的 32 个投入指标和 8 个产出指标分别进行因子分析。

1）投入指标的因子分析

对投入指标进行因子分析之前，因子分析适应性检验得到的 KMO 值为 0.948，Bartlett 球形度检验的近似卡方统计量的显著性水平为 0.000，故认为相关系数矩阵与单位阵存在明显差异[148]，说明 32 个投入指标之间数据具有相关性，适合做因子分析。

采用主成分分析法对投入指标进行探索性因子分析，前 5 个因子变量的特征值大于 1，采用最大方差法旋转后 5 个因子变量累计解释的方差率为 64.450%，表明前 5 个因子变量可以解释 32 个原始指标的大部分信息，由此得到 5 个公共因子。根据旋转后的因子载荷矩阵（表 8-1）对 5 个公共因子命名，得到拟进入 DEA 模型的 5 个综合投入指标。

第 1 个公共因子包含了原量表中用户标注动机分量表中的 11 个二级测量指标(A03~A13),各项指标主要表达用户使用社会化标注系统向外界表达自己和与他人进行信息交互的目的，因此我们将其命名为知识协同动机因子；第 2 个公共因子包含了原量表中知识交互劳动的所有测量指标（D01~D07），故仍命名为知识交互因子；第 3 个公共因子包含用户对标签有用感知的所有指标(B03~B08)，因此被命名为标签有用感知因子；第 4 个公共因子包含原标签有用感知分量表中的两个指标 B01(有利于今后快速地找到自己的信息资源）、B02(有利于更有效地管理自己的信息资源）和标签选择倾向分量表中的 3 个测量指标（C01、C03 和 C04），将该公因子命名为标签选择倾向；第 5 个公共因子包含用户标注动机量表中的测量指标 A01（方便再次找到该资源）、A02（更好地整理收藏的资源）和反映用户的标签选择倾向的测量指标 C02（从系统自动推荐的标签列表中选择标签），它们主要反映了用户利用社会化标注系统对知识资源进行有序化组织的目的，故将该公共因子命名为知识组织动机。

表8-1　投入指标旋转后的因子载荷矩阵

测量指标		成分				
变量名	指标名称	1	2	3	4	5
A05	找到志趣相投的朋友	0.738				
A04	引起别人关注该资源	0.721				
A10	帮助他人更好地了解我关注的资源	0.704				
A06	方便他人了解我的兴趣	0.704				
A09	为他人标注该资源提供参考	0.669				
A07	表达自己对该资源的看法	0.665				
A08	方便他人检索到该资源	0.649				
A03	向外界传达我对该资源的所有权	0.627				
A12	和他人保持联系	0.622				
A11	帮助他人决策是否浏览该资源	0.600				
A13	和他人分享资源	0.600				
D05	通过留言、发邮件、站内消息等方式，寻求帮助或解答他人问题		0.805			
D03	通过标签找到具有相同兴趣的用户并主动添加关注		0.795			
D04	评论他人的资源		0.774			
D01	通过标签云或热门标签列表浏览感兴趣的信息资源		0.762			
D06	订阅自己关注的标签		0.760			
D02	通过标签检索需要的信息资源		0.739			
D07	阅读系统推荐的资源		0.725			
B05	标签有助于发现具有相同兴趣的朋友和圈子			0.720		
B04	浏览他人标签使我对所标注的资源更了解			0.681		
B07	有助于信息资源得到更广泛传播和共享			0.661		

续表

测量指标		成分				
变量名	指标名称	1	2	3	4	5
B03	标签能帮助我发现更多的有用资源			0.649		
B08	标签体现了网络用户的集体智慧			0.628		
B06	标签有助于使我受到其他人的关注			0.544		
B02	标签有利于今后快速查找我的信息资源				0.754	
B01	有利于更有效地管理我的信息资源				0.733	
C04	根据自己的认知为资源添加标签				0.676	
C01	参考他人为该资源添加过的标签				0.637	
C03	从资源的标题中选择关键词标签				0.502	
A01	方便再次找到该资源					0.776
A02	更好地整理收藏的资源					0.657
C02	从系统自动推荐的标签列表中选择标签					0.653

注：提取方法——主成分分析法；旋转法——具有 Kaiser 标准化的正交旋转法。旋转在 9 次迭代后收敛。

2）产出指标因子分析

同样，先对产出指标的量表数据进行因子分析的适应性检验，得到KMO值为 0.913，Bartlett 球形度检验的近似卡方统计量的显著性水平为 0.000，适合做因子分析。

采用主成分分析法对产出指标测量变量进行探索性因子分析，得到一个特征值大于 1 的公共因子，该因子变量累计解释的方差率为 63.038%，表明该因子变量即可解释 8 个原始指标变量的大部分信息，各原始变量的因子载荷都较高，如表 8-2 所示。由于原始测量指标变量对应的一级指标为任务达成率和用户的自我效能感，它们共同反映了用户使用社会化标注系统进行协同化知识管理后在知识获取、利用和内化方面等方面达到的综合效果，我们将产出指标的公共因子命名为知识管理效用。

表8-2　产出指标的因子载荷矩阵

测量指标		成分
变量名	指标名称	1
F01	我的网络信息资源更有序了	0.795
F02	我能更快速地查找自己收藏的信息了	0.781
F03	我发现了很多通过直接检索的方法找不到的有用资源	0.767

续表

测量指标		成分
变量名	指标名称	1
F04	我发现了更多具有相同兴趣的好友和圈子	0.784
F05	我从他人的标签获得了对信息资源更多了解	0.825
F06	我增加了知识、开阔了视野	0.805
F07	我比以前更愿意分享、转载和评论网络信息了	0.807
F08	通过与他人分享信息资源获得了某种成就感	0.785

注：提取方法——主成分分析法，已提取了1个成分。

3）进入DEA模型的投入、产出指标

因子分析后，最终进入DEA模型的投入、产出指标汇总如下（表8-3）。

表8-3 因子分析后投入产出指标

指标类别	变量	变量名称	度量方法
投入	X_1	知识存量	对变量学历分级赋值量化
	X_2	知识共享	对社会化标注系统的使用程度
	X_3	标签标注	对资源的标注频率
	X_4	知识协同动机	公共因子得分
	X_5	知识交互	公共因子得分
	X_6	标签有用感知	公共因子得分
	X_7	知识组织动机	公共因子得分
	X_8	标签选择倾向	公共因子得分
产出	Y_1	知识管理效用	公共因子得分

（2）正向化处理

经过因子分析后的投入、产出公共因子指标得分均存在负数，而负值不能作为DEA模型的输入输出值。因此，须将上述计算出的6个因子得分进行正向化处理，得到新的投入和产出指标数据。参考现有的文献[149, 150]，本书采用加值变换，即数据平移的方法，将所有数据加上相同的正数，使得所有的投入和产出转化为正数。所有因子得分中最小数-4.234，因此同时加5就能够满足所有指标不为负的条件。

8.4.3　DEA 评价结果及分析

（1）DEA评价结果

利用 DEAP 2.1 软件对 684 个决策单元进行投入导向型 DEA 分析，先利用固定规模模型计算投入产出的综合效率，再利用规模可变的模型计算纯技术效率、规模效率及规模收益情况（表 8-4）。

表8-4　社会化标注系统用户的协同化知识管理效率的DEA分析结果(部分）

决策单元	综合效率（crste）	纯技术效率（vrste）	规模效率（scale）	规模收益
1	0.434	1	0.434	irs
2	0.515	1	0.515	irs
3	0.848	0.849	0.999	drs
4	0.617	1	0.617	irs
5	0.881	1	0.881	irs
6	0.701	0.761	0.921	irs
7	0.766	0.806	0.95	irs
8	0.758	1	0.758	irs
9	0.95	1	0.95	irs
10	0.698	0.802	0.87	irs
...	...	...	...	...
684	0.865	1	0.865	irs

注：irs、drs分别表示规模收益递增和规模收益递减。

（2）协同化知识管理DEA评价分析

对表 8-4 中的 3 个协同知识管理效率有效性指标的基本信息汇总如下（表 8-5）。

表8-5　社会化标注系统用户的协同知识管理有效性指标基本信息汇总

效率类别	最大值	最小值	均值	标准差	有效（比例）	无效（比例）
综合效率（crste）	1	0.223	0.782	0.133	66（9.65%）	618（90.35%）
纯技术效率（vrste）	1	0.717	0.932	0.090	411（60.01%）	373（39.09%）
规模效率（scale）	1	0.223	0.842	0.127	72（10.52%）	612（89.48%）

1）综合效率分析

综合效率反映用户在社会化标注系统中对知识协同管理活动的管理水

平。综合效率有效是指在投入一定的情况下，产出已经达到最大值，即社会化标注系统用户的知识管理规模收益处于最佳状态。由表8-5可知，所有样本中，综合效率DEA相对有效用户数为66，占样本总数的9.65%，比例偏低；综合效率的均值为0.782，说明平均有21.8%的资源被浪费；其中，综合效率的最低值为0.223%，与DEA相对有效（综合效率为1）用户的投入产出效率之间的差距有0.777；对数据的进一步分析发现，综合效率值在[0.9，1)的用户数为70，表明有10.23%的用户比较接近DEA相对有效值，这个比例也偏低。因此，总体而言，社会化标注系统中用户的投入产出效率不太理想，且不同用户间的差距十分明显，反映出用户群体在协同知识管理过程中将投入资源转化为知识产出或内化为个人知识和能力的水平不足，投入产出能力亟待提升。

2）纯技术效率

技术效率反映决策单元对技术的利用程度。纯技术效率有效表示在给定投入下，产出已达到最大，已不能通过改进投入要素组合、加强管理等方法在相同规模上增加产出。纯技术效率有效样本为411个，占样本总量的60.09%，说明60%多的用户对投入要素做了最有效的使用。684个样本的纯技术效率最大值（即纯技术有效）为1，最小值为0.728，均值为0.932，说明个体之间的差别不是很明显，即在相同的投入条件下，产出效率差异较小。整体来看，用户群体对知识协同管理活动中投入的要素基本做到了较好的利用，但也有待进一步提高。

3）规模效率分析

规模效率体现社会化标注系统用户协同知识管理的规模收益是否处于最佳状态。规模效率有效表示社会化标注系统用户知识管理的规模收益处于最佳状态，即无须增加投入，用户在社会化标注系统中进行管理的资源丰富，内容结构合理。在684位用户中，规模效率有效样本为72个，占样本总量的10.53%，这些用户的规模收益处于不变状态，但是比例偏小。其余占到样本总量近90%的612个用户的规模效率均小于1，属于规模效率无效。规模效率的均值为0.842，最小值为0.223，标准差为0.127，这些数据表明用户群体的规模效率十分不理想，且用户间规模效率的差别较大。

通过进一步的分析发现，在规模效率无效的用户中，处于规模收益递增状态的有584个，在规模效率无效用户和样本总量中的占比分别达到95.425%和85.38%，这表示若增加投入将获得更大产出。处于规模收益递减状态的有 27 个，占样本总量的 3.95%，这表示继续增加投入后，产出效率仍比较低。总体来说，当前社会化标注系统用户的规模效率低，也就是其规模和投入、产出不相匹配，85%的用户可以通过增加投入而提高收益，并且还有较大的规模发展空间。

（3）不同背景用户的协同知识管理DEA有效分析

为分析不同背景用户的知识管理DEA有效性的分布，按人口学特征统计DEA综合有效、纯技术有效和规模有效用户的数量及所占百分比信息，统计结果如表 8-6 所示。

表8-6　按人口学特征统计的 DEA有效用户信息

分组		总人数	综合有效	百分比	纯技术有效	百分比	规模有效	百分比
性别	男	289	26	9.00%	172	59.52%	30	10.38%
	女	395	40	10.13%	239	60.51%	42	10.63%
年龄	25岁以下	357	19	5.32%	190	53.22%	21	5.88%
	25~40岁	235	30	12.77%	160	68.09%	32	13.62%
	41~60岁	92	17	18.48%	61	66.30%	19	20.65%
职业	学生	334	20	5.99%	177	52.99%	22	6.59%
	教科人员	70	6	8.57%	45	64.29%	8	11.43%
	管理人员	91	15	16.48%	52	57.14%	15	16.48%
	技术人员	71	9	12.68%	50	70.42%	9	12.68%
	销售人员	26	4	15.38%	19	73.08%	4	15.38%
	其他	92	12	13.04%	68	73.91%	14	15.22%
接触网络年限	2年以内	25	1	4.00%	15	60.00%	1	4.00%
	3~5年	160	12	7.50%	94	58.75%	13	8.13%
	6~9年	212	22	10.38%	119	56.13%	24	11.32%
	10年及以上	287	31	10.80%	183	63.76%	34	11.85%
日均有效上网时长	2小以内	112	12	10.71%	81	72.32%	12	10.71%
	2~4小时	255	29	11.37%	168	65.88%	32	12.55%
	4~8小时	230	18	7.83%	119	51.74%	21	9.13%
	8小时以上	87	7	8.05%	43	49.43%	7	8.05%
合计		684	66	9.65%	411	60.09%	72	10.53%

从性别来看，684 位用户中，女性的综合有效率、纯技术有效和规模有效率均高于男性。表明女性用户在利用社会化标注统管理知识资源的活动中

在投入资源的结构、技术利用和综合管理方面的表现优于男性。

从年龄角度分析，年龄段越高的用户群，DEA综合有效用户比例越高，说明随着年龄的增加，用户除学历之外的阅历、工作经验等隐性知识的积累更多，对知识的管理更有效；25~40岁的用户纯技术有效率最高，说明该年龄段用户能够很好地利用知识管理技术；41~60岁用户次之，25岁以下的用户对知识管理技术的应用较差。规模有效用户数与综合有效用户数表现出相同的分布趋势。

从职业来看，管理人员的综合有效率最高，销售人员次之（职业中的其他，由于类别不明确，不做分析），说明这两类用户能高效地利用社会化标注系统进行知识管理。从协同的角度，在有效沟通和交互方面的优势可能是这两类人员知识管理综合有效率较高的原因。纯技术有效率较高的依次是销售人员、技术人员和教育科研人员，有效率均为64%以上，这几类用户能较好地利用知识管理技术处理知识管理问题。规模有效率与综合有效率在不同职业中的分布趋势大致相同，其中管理人员、销售人员在知识管理过程中的资源配置结构最合理。需要指出的是，在所有职业中，学生用户的3个DEA有效率都最低。

从接触网络的年限角度看，网龄时间越长，协同知识管理的综合有效和规模有效人数的比例都越高。网龄10年以上的用户不仅知识管理的综合有效和规模效率最高，而且纯技术有效率也最高。说明这类用户信息素养水平相对较高，网络信息资源的管理能力较强，他们对各类社交网络平台应用时间较长，利用社会化标注系统进行协同化知识管理的效率较为理想。不同网龄用户群的纯技术有效率都在60%左右，差别不明显。

在日均有效上网时长方面，每天上网2~4小时的用户综合效率和规模效率最佳，其次是每天上网2小时以内的用户，综合效率和规模效率都紧跟其后。在纯技术管理效率方面，表现出上网时间越短，纯技术有效率越低的趋势。说明保持适度的有效上网时长，才能有良好的知识管理效率。

通过上述分析可知，在利用社会化标注系统进行协同化知识管理的有效性问题上，女性相对男性有效，年龄段较高的用户、管理和销售类职业的人员、网龄较长、每天保持适度上网的人群相对较优；低年龄段、学生和网龄在2年以内、每天上网时间过长（8小时以上）的用户知识管理综合有效和规模有效率都较低；不同背景用户的知识管理综合有效率与规模有效率的高低表现出大体相同的趋势。各用户群体的纯技术有效率差别不明显。

（4）协同知识管理DEA无效用户的分析和调整

对于DEA无效的社会化标注系统用户来说，影响社会化标注系统知识管理效率的因素有二：一是纯技术效率，用户利用社会化标注系统中的信息、标签和用户关系等资源的技术水平；二是规模效率，即社会化标注系统用户进行知识管理投入的资源的多少。DEA无效的618个样本中，345个样本是纯技术有效而规模无效。说明其对社会化标注系统的功能和资源利用的技术水平与其产出能力相匹配，导致社会化标注系统知识管理无效的原因在于社会化标注系统用户知识管理的规模问题；6个样本是规模有效而纯技术无效，说明这6个社会化标注系统用户未能充分利用社会化标注系统的协同知识管理的方法、功能和技术；268个样本是纯技术效率、规模效率均无效，说明这些用户需要改进两方面的问题。总体来说，引起用户协同化知识管理无效和导致管理有效性存在差异的主要原因是用户在标注系统中对投入资源的配置问题，即规模问题，存在运营规模偏大或偏小的问题。

采用DEA方法的投影分析，可通过无效决策单元在生产前沿面上的投影而找到调整目标，预测无效决策单元达到DEA综合效率有效在投入和产出方面应做出的调整空间。实例中DEA有效的66位社会化标注系统用户构成了效率前沿面，其他用户在投入产出的9维空间的位置与该效率前沿有一定的偏离，研究这些偏离对调整投入和产出结构，提高资源配置水平及确定今后改进的方向都有重要的指导意义。对618位DEA无效用户知识协同管理的投入和产出要素进行投影分析，分析结果及其描述统计见表8-7和表8-8。

表8-7　DEA无效用户的投入、产出要素投影分析结果（部分）

决策单元	投入冗余值								产出不足值
	X_1	X_2	X_3	X_4	X_5	X_6	X_7	X_8	Y_1
1	0	0	0	0	0	0	0	0	0
2	0	0	0	0	0	0	0	0	0
3	0	0.526	0.645	0	0	0.612	0	0	0
4	0.206	1.906	0	0.438	0.438	0.473	0.503	0.473	0
5	0.037	0	0	0.09	0.064	0.109	0.079	0.091	0
6	0	0.947	0	0.13	0	0	0	0.055	0
7	0.007	0.627	0.206	0	0	0	0	0	0
8	1.015	0	0.121	0.283	0.175	0.309	0.307	0.301	0
...	...	...	...	...	...	...	...	...	...

决策单元	投入冗余值								产出不足值
	X_1	X_2	X_3	X_4	X_5	X_6	X_7	X_8	Y_1
15	1.63	0	0	0.198	0.195	0.199	0.236	0.434	0.271
…	…	…	…	…	…	…	…	…	…
684	0.087	0.689	0	0.159	0.214	0.186	0.233	0.248	0

表8-8 DEA无效用户的投入冗余与产出不足信息的描述统计

属性	X_1 知识存量	X_2 知识共享	X_3 标签标注	X_4 知识协同动机	X_5 知识交互	X_6 标签有用感知	X_7 标签选择倾向	X_8 知识组织动机	Y_1 知识管理效用
最小值	0.002	0.005	0.004	0.005	0.003	0.005	0.001	0.004	0.016
最大值	1.63	2.949	2.795	2.637	2.197	1.38	2.296	2.589	1.141
均值	0.383	0.989	0.689	0.514	0.517	0.47	0.519	0.578	0.421
标准差	0.328	0.718	0.579	0.343	0.312	0.257	0.32	0.413	0.296
DMU数量	292	304	262	317	266	269	325	315	15
百分比	47.25%	49.19%	42.39%	51.29%	43.04%	43.53%	52.59%	50.97%	2.43%

由表 8-8 可知，对于每个协同知识管理的投入要素，都有 40%~55% 的 DEA 无效用户存在一定的投入冗余，该结果进一步表明用户在社会化标注系统中的投入要素包括用户的现有知识存量、共享的知识、标注的标签、进行的知识交互及知识管理的心理动机等在内的时间和精力、脑力和体力资源都没有得到充分的发挥和利用，规模管理的低效导致对投入资源的极大浪费。同时，前面对规模效率的分析表明 95% 以上的规模无效用户处于规模收益递增状态，其知识管理活动还具有较大的规模发展空间。说明改进知识管理 DEA 无效问题，不能单纯依靠扩大投入的数量，同时注意投入要素的质量及优化投入要素的组合结构，才能使得资源得到充分配置和利用并达到最大产出。在产出要素方面，有 15 个 DEA 无效用户存在产出不足，占 DEA 无效用户总数的 2.43%，这类用户不仅需要优化投入要素组合，而且提高利用资源的技术水平。

整体而言，改变社会化标注系统用户协同知识管理 DEA 无效的问题，鉴于还具有较大的规模发展空间和出现投入冗余问题，社会化标注系统应一方面考虑如何激励用户加大使用社会化标注系统共享知识资源、使用标签标注资源的力度和鼓励用户积极进行知识互动；另一方面应采用适当的调控措施对投入要素的质量和配置比例进行优化，才能最终提高用户在社会化标注系统中的知识管理效率。

8.5　小结

本章以社会化标注系统中的协同知识管理相关理论为基础，构建了一套相对完整的社会化标注系统环境下协同知识管理效率评价的方法和指标体系。对 33 个投入指标和 8 个产出指标首先采用因子分析的方法进行降维处理后，得到可综合反映原始测量指标信息的公共因子投入和产出指标，最终形成 8 个投入指标和 1 个产出指标。然后采用数据包络分析方法中投入导向的规模报酬可变模型对 684 位社会化标注系统用户从综合效率、纯技术效率、规模效率 3 个方面进行知识管理效率的评价。在此基础上，对于 DEA 相对有效用户，对比不同背景用户群体知识管理的 DEA 有效性分布，揭示用户在社会化标注系统中知识管理有效性的群体特征。对 DEA 无效用户，采用投影分析方法分析他们 DEA 无效的原因并结合规模收益情况提出改进策略。

总体来看，社会化标注系统用户协同知识管理活动的投入产出效率不足，综合效率相对有效用户的比例偏低，大部分用户既存在纯技术效率无效的问题，又存在规模效率无效的问题。提高社会化标注系统的协同知识管理效率，既需要提高利用资源的技术水平，同时又要注意投入要素的质量和合理配置。

第九章
总结和展望

9.1 主要工作总结

本书针对社会化标注系统中隐性知识的协同管理问题，在综述"国内外知识协同研究""国内外隐性知识管理研究"和"国内外社会化标注研究"的基础上，以协同知识管理理论、隐性知识管理理论、社会化标注系统理论及信息行为理论为支撑，对社会化标注系统中隐性知识协同管理的几个核心问题展开了较为深入的研究。研究内容可分为理论构建、实践研究和科学评价3部分。

9.1.1 理论构建研究

（1）社会化标注系统中隐性知识管理的内涵解析

在梳理、归纳现有知识协同管理、隐性知识管理理论的基础上，探讨社会化标注系统中知识管理的协同性质，分析其知识协同机制与知识协同要素，指出社会化标注系统中主要存在的两类隐性知识：代表用户对系统中知识资源共同理解的认知维度的隐性知识和代表用户信息行为规律和兴趣偏好的行为维度的隐性知识。从协同知识创新的角度，讨论社会化标注系统中隐性知识与显性知识的转化机制，论证对系统中隐性知识的挖掘与利用问题在社会化标注系统协同知识管理中的重要性和关键性。基于上述分析，提炼出社会化标注系统中隐性知识协同管理的内涵——"在社会化标注系统环境下，以标签技术为核心、以个人或组织的绩效最大化为目标、以信息技术为方法和手段，对隐性知识的主体和客体进行协同化管理的一套整体解决方案"，并对其进行详细论述。

（2）社会化标注系统中知识协同影响因素分析

围绕社会化标注系统中的知识协同过程和协同要素，分析知识协同效率的影响因素并构建了较为完善的测量指标体系。实证分析表明，环境要素、用户的知识组织动机、知识协同动机、对知识关联的利用和标签因素均与社会化标注系统中的知识协同效率正向相关。据此，得出社会化标注系统协同知识管理效率的影响因素模型，为社会化标注系统提高知识管理效率提供决策参考。

（3）社会化标注系统中用户信息行为理论分析

在信息行为相关理论的指导下，结合社会化标注系统的功能特点，构建了由用户对社会化标注系统的采纳与接受行为、一般使用行为和具体信息行为3个模块构成的集成化的用户信息行为模型，为社会化标注系统中信息行为知识的挖掘提供理论指导。

9.1.2　实践研究

在上述理论的指导下，本书重点研究如何挖掘社会化标注系统中认知维度与行为维度的隐性知识并加以利用。前者包括社会化标注系统中知识资源的语义挖掘与利用，后者包括社会化标注系统中用户信息行为的差异分析和社会化标注系统中用户兴趣偏好的挖掘与利用。

（1）社会化标注系统中认知维度隐性知识的挖掘与利用

提出挖掘与利用社会化标注系统中知识资源的语义结构的技术与方法。首先，以社会化标注系统代表用户对知识资源的共同理解与集体智慧的知识资源的语义结构为挖掘目标，以用户为资源标注的标签为载体，构建具有层次的标签树状结构。然后，利用以《中国汉语主题词表》为主的受控词表为标签树状结构中的标签对赋予语义关系，形成社会化标注系统中知识资源的语义结构。最后，通过从豆瓣读书网采集到的真实标注数据，验证方法的可行性，建立了豆瓣网心理领域图书资源的语义结构，并指出可将挖掘出的标签语义结构应用于资源的语义导航和基于标签的语义检索。

（2）社会化标注系统中信息行为知识挖掘的挖掘与利用

以用户在社会化标注系统中的"为资源标注标签"的标注行为为切入点，分析和发现不同用户群体标注行为的现状特点及存在的异同。分析结果表明，社会化标注系统已经成为Web 2.0环境下网络用户进行协同知识管理的重要工具，正在被越来越多的网络用户接受并持续使用，用户对这类集信息资源组织、分享、交流及社交功能于一体的网络信息平台已经产生一定程度的依赖。用户对标签的使用程度普遍处于较低水平，对标签的选择倾向性不明显，表现为用户使用标签标注资源的意愿不强烈或者标注能力不足，对社会化标注系统标注功能的应用有限。不同背景用户对社会化标注系统的依赖程度、标注动机的信息交流需要和信息组织需要维度并不完全相同。

基于分析结果，对社会化标注系统的功能设计、服务和管理等提出针对性的改善和优化策略。

（3）社会化标注系统中用户兴趣偏好知识的挖掘与利用

提出以用户的标签为研究对象，通过构建由标签层和主题层构成的具有两层结构的用户兴趣标签树，并利用标签频率——逆用户频率指数和加权平均的方法分别为标签层标签和主题层标签赋予权重的方法，挖掘出以标签及其权重表示的具有层次结构的用户兴趣模型。然后，通过计算兴趣模型的相似度找出与当前用户兴趣相似的用户，将兴趣相似用户标注的知识资源作为当前用户的可能感兴趣的候选推荐资源集合，抽取其中推荐值排前面的一定数量的资源形成对当前用户的推荐资源列表，实现对用户兴趣偏好知识的利用。最后，利用实证说明用户兴趣偏好知识的挖掘与利用过程，验证了方法的可行性和有效性。

9.1.3 科学评价研究

从投入产出的角度，构建用户在社会化标注系统中进行协同知识管理活动的投入、产出指标。以社会化标注系统中的用户为独立的决策单元，利用DEA模型对用户在社会化标注系统中的协同知识管理有效性进行评价。分析结果表明，总体来看，社会化标注系统用户知识管理投入产出效率不足，综合效率相对有效用户的比例偏低，大部分用户既存在纯技术效率无效的问题，又存在规模效率无效的问题。提高社会化标注系统知识管理效率，既需要提高利用资源的技术水平，同时又要注意投入要素的质量和合理配置。

全书以对隐性知识的挖掘与利用为研究主线，从社会化标注系统中的知识协同机制、协同知识创新机制、知识协同要素等隐性知识管理的协同化环境和机制入手，分析社会化标注系统中知识协同效率的影响因素，提出挖掘与利用系统中认知维度和行为维度隐性知识的方法并进行了实证研究。最后，利用DEA模型评价社会化标注系统中知识管有效性并提出改进和优化方向。

整个研究工作，初步形成社会化标注系统中隐性知识管理问题的一套整体解决方案，是对现有知识协同管理理论和隐性知识管理理论的丰富和完善，也为社会化标注系统中的知识资源管理开辟了新的研究视角。

9.2　研究展望

尽管本书对社会化标注系统中隐性知识的协同管理问题的理论和实践进行了较为深入的探讨和研究，构建了社会化标注系统中隐性知识管理理论并基于实证分析进行了隐性知识挖掘与利用方法和技术的实证分析，取得了初步的研究进展。但随着研究的深入，笔者发现还有一些重要的问题尚需解决，它们将作为今后进一步努力的方向。

（1）社会化标注系统中知识资源语义结构的自动发现和本体语言表示

本书以豆瓣网的心理类资源的标注数据为例，构建了心理领域图书资源的语义结构并将其可视化，指出可将知识资源的语义关系图谱应用于对社会化标注系统中知识资源的语义导航和基于标签的检索。这一应用的实现需要社会化标注系统网站能够自动实现基于标签构建标签语义关系图谱并使用语义网的统用语言OWL对其进行形式化表示，为实现系统中不同领域资源的标签语义结构和跨系统的标签语义结构之间的共享和互操作提供基础。

（2）用户兴趣模型的动态演化问题

本书中用户兴趣偏好模型的构建基于用户进入社会化标注系统以来的所有标注资源和标签数据，没有考虑用户使用标签的时间远近。事实上，用户的兴趣偏好会随着时间的推移而发生偏移和变化。因此，考虑时间因素，为不同时间段用户的兴趣标签赋予不同权重，会对用户的兴趣偏好把握更准确。

（3）社会化标注系统中隐性知识研究内容的拓展

隐性知识的外延十分广泛，书中研究的社会化标注系统中的认知与行为维度的隐性知识，只是隐性知识中的"冰山一角"。对与个体心理、情感、直觉、价值观、潜意识和情境等复杂因素相关的其他隐性知识的挖掘与利用，还需要学界的不懈努力和探索。

另外，本书主要研究了社会化标注系统中隐性知识的显性化问题，对于隐性知识的共享、转移、吸收与利用问题的研究涉及较少，而这些问题也是新的信息环境下隐性知识管理非常值得探讨的课题。

附录A

《用户对社会化标注系统的使用行为调查》问卷

尊敬的先生(女士):

　　您好!本次调查是为研究互联网用户在信息交流和分享平台中为资源添加标签的信息行为现状及特点、以了解用户对这类网站功能和服务的建议和需求。您的意见对我们的研究非常重要,希望您能够协助我们完成此次问卷的填写。本调查采取匿名方式,所有信息只用于课题研究,请您如实填写。十分感谢!

　　在一些具有互动功能网站中,用户可以为自己发布、转载和分享的信息资源(如文字、网页、图片、音频视频等)添加一个或多个词语或标识符号作为资源的标签,这种网络用户为资源添加标签的行为或技术就是社会化标注;具有社会化标注功能的网站,称为社会化标注系统。国内有豆瓣网、新浪博客、360图书馆、优酷、豆丁网、科学网等;国外有微博客网站facebook、twitter,图片分享网站Flickr,美味书签网站Del.icio.us等。

　　1.您的性别 [单选题] [必答题]

　　　　○男　　　　　　　　　○女

　　2.您的年龄 [单选题] [必答题]

　　　　○ 18 岁以下　　　　○ 18-24 岁　　　　○ 25~40 岁

　　　　○ 41~60 岁　　　　　○ 60 岁以上

　　3.您的学历 [单选题] [必答题]

　　　　○大专及以下　　　　○本科　　　　　　○研究生及以上

4. 您使用网络的时间 [单选题] [必答题]

  ○ 1 年以下   ○ 1~2 年   ○ 3~5 年

  ○ 6~9 年   ○ 10 年以上

5. 您每天上网的平均有效时间？ [单选题] [必答题]

  ○ 每天 2 小时以内 ○ 每天 2~4 小时 ○ 每天 4~8 小时

  ○ 每天 8~12 小时 ○ 每天 12 小时以上

6. 您的职业 [单选题] [必答题]

  ○ 学生   ○ 教育、科研人员 ○ 管理人员

  ○ 技术人员   ○ 销售人员   ○ 其他

7. 下列社会化标注系统中，您熟悉的有哪些？ [多选题] [必答题]

  □ 新浪博客   □ 网易博客   □ 科学网博客

  □ 优酷网   □ 土豆网   □ 豆丁网

  □ 豆瓣网   □ 360 图书馆   □ 图片分享网站 Flickr

  □ 书签网站 Del.icio.us □ 学术资源分享网站 CiteULike

  □ 学术资源分享网站 Bibsonomy   □ 音乐分享网站 Last.fm

  □ 图书分享网站 Librarything

8. 您使用过具有社会标注功能的网站吗，使用频率如何？ [单选题] [必答题]

  ○ 较为频繁，每周登录 5 次及以上 ○ 经常使用，每周 3~4 次

  ○ 使用频率一般，每周 1~2 次 ○ 偶尔使用，平均每周不到 1 次

  ○ 从不使用（请跳至问卷末尾，提交答卷）

9. 您经常分享的信息内容属于 [多选题] [必答题]

  □ 社会新闻   □ 生活休闲   □ 学习信息

  □ 体育娱乐   □ 电影视频   □ 软件应用

  □ 音乐   □ 照片图片   □ 游戏攻略

  □ 考研信息   □ 工作兼职   □ 网上购物

  □ 其他

10. 您在分享资源时会为资源添加标签吗 ？（单选题）[单选题] [必答题]

  ○ 只要分享资源就会添加（请跳至第 12 题）

  ○ 大部分时候都添加（请跳至第 12 题）

  ○ 有时添加，有时不添加（请跳至第 12 题）

○大部分时候不添加（请跳至第12题）

○从不添加标签（请跳至第11题）

11. 您分享资源时不为资源添加标签的原因是什么？（单选题）[单选题]
[必答题]

○感觉没必要(请跳至第14题)

○不会使用标签功能(请跳至第14题)

○添加标签比较麻烦(请跳至第14题)

○不知道添加什么标签(请跳至第14题)

○其他(请跳至第14题)

12. 您为资源添加标签的目的，你是否同意下面的观点？[矩阵单选题]
[必答题]

1=非常不同意，2=不同意，3=不确定，4=有点同意，5=非常同意

	1	2	3	4	5
（1）方便再次找到该资源	○	○	○	○	○
（2）更好地整理收藏的资源	○	○	○	○	○
（3）向外界传达我对该资源的所有权	○	○	○	○	○
（4）引起别人关注该资源	○	○	○	○	○
（5）寻找志趣相投的朋友	○	○	○	○	○
（6）方便其他用户了解我的兴趣	○	○	○	○	○
（7）表达自己对该资源的看法	○	○	○	○	○
（8）方便其他用户检索到该资源	○	○	○	○	○
（9）方便其他用户根据我的标签标注该资源	○	○	○	○	○
（10）帮助其他用户了解与该信息资源相关的更多信息	○	○	○	○	○
（11）帮助其他用户决策是否浏览该资源	○	○	○	○	○
（12）和其他用户保持联系	○	○	○	○	○
（13）和其他用户分享资源	○	○	○	○	○

13. 在您为资源添加标签时，您可能会做如下的选择[矩阵单选题]
[必答题]

1=非常不同意，2=不同意，3=不确定，4=有点同意，5=非常同意

	1	2	3	4	5
（1）参考他人为该资源添加过的标签	○	○	○	○	○
（2）从系统自动推荐的标签列表中选择标签	○	○	○	○	○
（3）从资源的标题中选择关键词标签	○	○	○	○	○
（4）根据自己的认知为资源添加标签	○	○	○	○	○

14. 关于社会化标注系统和标签的作用，您的观点是[矩阵单选题][必答题]

1=非常不同意，2=不同意，3=不确定，4=有点同意，5=非常同意

	1	2	3	4	5
（1）有利于更有效地管理信息资源	○	○	○	○	○
（2）有利于今后快速查找自己的信息资源	○	○	○	○	○
（3）标签能帮助我发现更多有用资源	○	○	○	○	○
（4）浏览他人标签使我对所标注资源更了解	○	○	○	○	○
（5）有助于发现具有相同兴趣的朋友和圈子	○	○	○	○	○
（6）有助于使我受到其他人的关注	○	○	○	○	○
（7）有助于信息资源的广泛传播和共享	○	○	○	○	○
（8）标签体现网络用户的集体智慧	○	○	○	○	○

15. 在您选择是否使用某一社会化标注系统时，下列因素是否重要？[矩阵单选题][必答题]

1=非常不重要，2=不重要，3=不确定，4=有点重要，5=非常重要

	1	2	3	4	5
（1）系统的注册登录是否简单快捷	○	○	○	○	○
（2）系统的安全性、稳定性和隐私性	○	○	○	○	○
（3）系统中的信息资源质量和信息丰富程度	○	○	○	○	○
（4）系统中的用户数量和活跃程度	○	○	○	○	○
（5）用户之间的信任和友好关系	○	○	○	○	○
（6）系统的界面是否友好、美观	○	○	○	○	○
（7）是否可以导入收藏在其他系统中的资源	○	○	○	○	○
（8）系统响应速度快	○	○	○	○	○

16. 除给资源添加标签外，您是否还使用社会化标注系统的下列功能？[矩阵单选题][必答题]

1=从不使用，2=偶尔使用，3=使用频率一般，4=经常使用，5=使用非常频繁

	1	2	3	4	5
（1）通过标签云或热门标签列表浏览感兴趣的信息资源	○	○	○	○	○
（2）通过标签检索需要的信息资源	○	○	○	○	○
（3）通过标签找到具有相同兴趣的用户并主动添加关注	○	○	○	○	○
（4）评论他人的资源	○	○	○	○	○
（5）通过留言、发邮件、站内消息等方式，寻求帮助或解答他人问题	○	○	○	○	○

续表

	1	2	3	4	5
（6）订阅自己关注的标签	○	○	○	○	○
（7）阅读系统推荐的资源	○	○	○	○	○

17. 在使用社会化标注系统之后，您觉得 [矩阵单选题] [必答题]

　　1=非常不同意，2=不同意，3=不确定，4=有点同意，5=非常同意

	1	2	3	4	5
（1）您的网络信息资源更有序	○	○	○	○	○
（2）您能更快速地查找自己收藏的信息	○	○	○	○	○
（3）您发现了很多用直接检索的方法找不到的有用资源	○	○	○	○	○
（4）您发现了更多具有相同兴趣的好友和圈子	○	○	○	○	○
（5）您从他人的标签获得了对信息资源更多方面的了解	○	○	○	○	○
（6）您增加了知识、开阔了视野	○	○	○	○	○
（7）您比以前更愿意分享、转载和评论网络上的信息	○	○	○	○	○
（8）您通过与他人分享信息资源获得了某种成就感	○	○	○	○	○

参考文献

[1] 曾立. 关于隐性知识的非共享特性分析[J]. 情报杂志, 2005(8): 75-76.

[2] Karlenzig W, Patrick J. Tap into the power of knowledge collaboration[J]. Customer interaction solutions, 2002, 20(11): 22-23.

[3] Tuomi I. The future of knowledge management [J]. Lifelong Learning in Europe, 2002, 7(2): 67-79.

[4] Patti A. Knowledge management: The collaboration thread[J]. Bulletin of the American Society for Information Science & Technology, 2005, 28(6): 8-11.

[5] 佟泽华. 知识协同的内涵探析[J]. 情报理论与实践, 2011, 34(11): 11-15.

[6] 樊治平, 冯博, 俞竹超. 知识协同的发展及研究展望[J]. 科学学与科学技术管理, 2007, 28(11): 85-91.

[7] 杨利军. 供应链知识协同对企业竞争力提升的作用分析[J]. 科技管理研究, 2011, 31(5): 173-175.

[8] 李丹. 企业群知识协同要素及过程模型研究[J]. 图书情报工作, 2009(14): 76-79.

[9] 曾德明, 文小科, 陈强. 基于知识协同的供应链企业知识存量增长机理研究[J]. 中国科技论坛, 2010(2): 77-81.

[10] 王聪颖, 管晓东. 基于市场导向的产业集群知识协同模式研究[J]. 科技进步与对策, 2009(10): 69-71.

[11] 吴绍波, 顾新. 知识链组织之间合作的知识协同研究[J]. 科学学与科学技术管理, 2008, 29(8): 83-87.

[12] 施慧斌. 知识协同概念分析及其心理契约研究[D]. 沈阳：东北大学, 2008.

[13] Lawrence Liu. The collaboration framework's organizational enablers: People and culture[EB/OL]. (2010-05-14)[2016-12-09].https://collaborationzen. com/2010/05/14/the-collaboration-frameworks-organizational-enablers-people-

and-culture-1-of-3/ 2016-12-09.

[14] 胡昌平，晏浩. 知识管理活动创新性研究之协同知识管理[J]. 中国图书馆学报, 2007(3): 95-97.

[15] 黄燕，祝锡永，潘旭伟. 集成过程知识协同中基于角色的访问控制研究[J]. 情报杂志, 2010, 29(11): 166-169.

[16] 沈丽宁. 企业协同知识管理框架构建与策略研究[J]. 情报理论与实践, 2007, 30(6): 833-836.

[17] 盖玲，罗贤春. 面向电子政务服务的知识协同障碍及对策分析[J]. 图书馆学研究, 2008(11): 6-9.

[18] 熊励，孙友霞. 协同知识管理研究进展[J]. 科技进步与对策, 2010, 27(4): 156-160.

[19] Szulanski G. The process of knowledge transfer: A diachronic analysis of stickiness[J]. Organizational Behavior & Human Decision Processes, 2000, 82(1): 9-27.

[20] 席运江，党延忠. 基于加权超网络模型的知识网络鲁棒性分析及应用[J]. 系统工程理论与实践, 2007(4): 134-140.

[21] 梁莹，徐福缘. 基于语义网的企业知识协同管理研究[J]. 计算机应用研究, 2009, 26(11): 4159-4161, 4165.

[22] 赵峙钧，孙鹏飞，张俊伟，等. 电网知识库的构建与知识协同的处理方法[J]. 机电信息, 2016(30): 112-113.

[23] Foss N J. Knowledge and organization in the theory of the multinational corporation: some foundational issues[J]. Journal of Management & Governance, 2006, 10(1): 3-20.

[24] Swarnkar R, Choudhary A K, Harding J A, et al. A framework for collaboration moderator services to support knowledge based collaboration[J]. Journal of Intelligent Manufacturing, 2012, 23(5): 2003-2023.

[25] 梁莹. 基于SNA的供需网企业间知识协同网络分析[J]. 现代情报, 2015(2): 98-103.

[26] 崔蕊，霍明奎. 产业集群知识协同创新网络构建[J]. 情报科学, 2016(1): 155-159.

[27] 陆克斌，王强. 供应链企业产品开发知识协同模型的构建[J]. 统计与决策, 2015(11): 186-188.

[28] 党洪莉. 图书馆联盟的知识协同研究：基于SICA模型视角[J]. 新世纪图书馆,

2016(5): 66-69.

[29] 刘银龙. 虚拟企业知识协同效应的形成机理与综合评价[J]. 商业经济, 2009(17): 99-101.

[30] Sternberg R J. Practical intelligence in everyday life[M]. Cambridge: Cambridge University Press, 2000: 363-365.

[31] Nelson R R, Winter S G. In search of a useful theory of innovation[M]. Basel：Birkhäuser Basel, 1977: 215-245.

[32] 钟义信. 知识管理：老树开新花还是新瓶装旧酒[EB/OL]. (2016-12-02). http://blog.sina.com.cn/s/blog_48f852f101000772.html/2006-12-02.

[33] Wagner R K, Sternberg R J. Practical intelligence in real-world pursuits: The role of tacit knowledge[J]. Journal of Personality & Social Psychology, 1985, 49(49): 436-458.

[34] Richards D, Busch P A. Measuring, formalising and modelling tacit knowledge[EB/OL]. (2015-06-11). https://www.researchgate.net/publication/2440923_Measuring_Formalising_and_Modelling_Tacit_Knowledge.2015-06-11.

[35] 马伟群, 姜艳萍, 康壮. 知识管理中个体知识能力的一种模糊测评方法[J]. 东北大学学报, 2004(7): 711-714.

[36] 李一楠. 隐性知识管理研究综述[J]. 情报杂志, 2007(8): 60-62.

[37] Koskinen K U, Vanharanta H. The role of tacit knowledge in innovation processes of small technology companies[J]. International Journal of Production Economics, 2002, 80(1): 57-64.

[38] 何晓红. 企业隐性知识的产生途径及转化措施[J]. 情报探索, 2006(2): 24-26.

[39] 贾君枝, 李婷. 分众分类与书目记录结合研究[J]. 情报理论与实践, 2011, 34(7): 38-43.

[40] 冯齐. 基于MOA模型的社会化标注行为探索[J]. 情报杂志, 2013(11): 137-139, 153.

[41] 查先进, 吕彬. 知识共享视角下的大众标注行为研究：基于标签的实证分析[J]. 图书馆论坛, 2010(6): 76-81.

[42] Golbeck J, Koepfler J, Emmerling B. An experimental study of social tagging behavior and image content[J]. Journal of the American Society for Information Science and Technology, 2011, 62(9): 1750-1760.

[43] 贾君枝, 孙智超, 邰杨芳. 基于受控词表的医学资源社会化标签推荐研究

[J]. 情报学报, 2013, 32(12): 1326-1332.

[44] 罗琳, 梁桂生, 蔡军. 基于分众分类法的图书馆书目推荐系统[J]. 现代图书情报技术, 2014(4): 14-19.

[45] 吴小兰, 章成志. 结合用户关系网和标签共现网的微博用户标签推荐研究[J]. 情报学报, 2015, 34(5): 459-465.

[46] 邰杨芳, 贾君枝, 贺培风. 基于受控词表的Folksonomy优化系统分析与设计[J]. 情报科学, 2014(2): 112-117.

[47] 杨萌, 张云中, 徐宝祥. 社会化标注系统资源多维度聚合机理研究[J]. 图书情报工作, 2013, 57(15): 126-131.

[48] 孙中秋, 陈晓美, 周姗姗. 基于SNA的社会化标注系统标签资源聚合研究[J]. 图书馆学研究, 2014(13): 53-61.

[49] 张云中. 基于FCA的folksonomy知识发现机理研究[J]. 图书情报工作, 2012, 56(22): 141-147.

[50] 王雯霞, 魏来. 语义Folksonomy实现方法研究[J]. 图书馆学研究, 2013(11): 53-57.

[51] Chen J, Chen M, Sun Y S. A tag based learning approach to knowledge acquisition for constructing prior knowledge and enhancing student reading comprehension[J]. Computers & Education, 2014, 70(1): 256-268.

[52] Tibely G, Pollner P, Vicsek T, et al. Extracting tag hierarchies[J]. Plos One, 2013, 8(12): 1-12.

[53] 蔡国永, 林航, 文益民. 社会语义网社区发现标签传递算法研究[J]. 计算机科学, 2013(2): 53-57.

[54] 孙怡帆, 李赛. 基于相似度的微博社交网络的社区发现方法[J]. 计算机研究与发展, 2014(12): 2797-2807.

[55] 阎春霖, 张延园. 基于用户标签的社区发现方法研究[J]. 科学技术与工程, 2011(6): 1237-1240.

[56] Sun X, Lin H. Topical community detection from mining user tagging behavior and interest[J]. Journal of the American Society for Information Science and Technology, 2013, 64(2): 321-333.

[57] 白华. 用户标注的语义控制[J]. 情报杂志, 2009, 28(11): 164-166.

[58] 金燕, 陈玉. 基于本体的标签控制方法研究[J]. 图书馆理论与实践, 2010(7): 26-29.

[59] 覃希, 夏宁霞, 苏一丹. 基于支持向量机的垃圾标签检测模型[J]. 计算机应

用研究, 2010(10): 3893-3895.

[60] Yazdani S, Ivanov I, Analoui M, et al. Spam fighting in social tagging systems[C]. Berlin: Springer-Verlag Berlin, 2012.

[61] 沈丽宁. 学术信息合作查寻行为及其动机剖析[J]. 情报理论与实践, 2010(11): 86-89.

[62] Jansen B J, Spink A. How are we searching the World Wide Web? An analysis of nine search engine transaction logs[J]. Information Processing & Management, 2006, 42(1): 248-263.

[63] 李宪印，左文超，杨博旭，等. 虚拟社区条件下研究生知识共享行为研究[J]. 现代情报, 2015(3): 42-49.

[64] 尚永辉，艾时钟，王凤艳. 基于社会认知理论的虚拟社区成员知识共享行为实证研究[J]. 科技进步与对策, 2012(7): 127-132.

[65] Stieglitz S, Dangxuan L. Emotions and information diffusion in social media: sentiment of microblogs and sharing behavior[J]. Journal of Management Information Systems, 2014, 29(4): 217-248.

[66] 王莹莉. 基于微博的网络社区用户学术信息交互行为研究[D]. 重庆：西南大学, 2013.

[67] 邓胜利，鲍唯. 社交网站用户交互学习行为影响因素的实证分析[J]. 情报理论与实践, 2012, 35(3): 57-61.

[68] Malki Z S, Malki Z S. Information interaction and behavior of distance education students in web-based environments[J]. Neurology, 2005, 62(4): 1771-1777.

[69] 王晰巍，曹茹烨，杨梦晴，等. 微信用户信息共享行为影响因素模型及实证研究：基于信息生态视角的分析[J]. 图书情报工作, 2016(15): 1-8.

[70] 胡潜，石宇. 图书主题对用户标签使用行为影响研究[J]. 图书情报工作, 2016(8): 106-112.

[71] 潘旭伟，傅青苗. 基于超网络的社会化标注行为[J]. 系统工程, 2015(3): 78-83.

[72] Mirzaee V, Iverson L. Tagging: Behaviour and motivations[J]. Proceedings of the American Society for Information Science & Technology, 2009, 46(1): 1-5.

[73] 王娜，马云飞. 网络环境下大众标注行为动机的调查与分析[J]. 图书情报工作, 2013(23): 100-107.

[74] 樊晓琦. 基于信息熵的社会化标注动机差异化研究[D]. 杭州：浙江理工大学, 2016.

[75] Sen S, Lam S K, Rashid A M, et al. Tagging, communities, vocabulary,

evolution[C]Anniversary Conference on Computer Supported Cooperative Work. ACM, 2006.

[76] Golder S A, Huberman B A. Usage patterns of collaborative tagging systems[J]. Journal of Information Science, 2006, 32(2): 198-208.

[77] 李蕾，章成志. 社会化标注系统中用户标注动机差异分析[J]. 情报学报, 2014, 33(6): 633-643.

[78] Sinha B R. A cognitive analysis of tagging[EB/OL]. (2016-05-03). https:// rashmisinha.com/%E2%80%8B2005/%E2%80%8B09/%E2%80%8B27/%E2%8 0%8B/2016-05-03.

[79] Szekely B, Torres E. Ranking Bookmarks and Bistros : Intelligent Community and Folksonomy Development[EB/OL]. (2016-05-03). https://www. researchgate.net/publication/229018741./2016-05-03.

[80] 魏来，王雪莲. 社会标注在学习资源组织中的应用及用户认知调查[J]. 情报杂志, 2013, 32(5): 185-189.

[81] 贾君枝，王东元，王永芳. 基于Delicious中文标签特征分析[J]. 情报科学, 2010(10): 1565-1568.

[82] Yeung C M A, Gibbins N, Shadbolt N. Collective user behaviour and tag contextualisation in folksonomies[C]. Ieee/wic/acm International Conference on Web Intelligence and Intelligent Agent Technology, 2008.

[83] Binkowski P J. The effect of social proof on tag selection in social bookmarking application[D]. North Cardina: University of North Carolina at Chapel Hill, 2006.

[84] Mathes A. Folksonomies: Cooperative classification and communication through shared metadata[J]. Journal of Computer-Mediated Communication, 2004, 47(3): 50-54.

[85] Farooq U, Kannampallil T G, Song Y, et al. Evaluating tagging behavior in social bookmarking systems:metrics and design heuristics[C]. Florida: International ACM Siggroup Conference on Supporting Group Work, 2007.

[86] Han W, Lee M L, Muliantara A, et al. Personalized recommendation via relevance propagation on social tagging graph[C]. Berlin: Lecture Notes in Computer Science, 2014.

[87] Zhao W, Guan Z, Liu Z. Ranking on heterogeneous manifolds for tag recommendation in social tagging services[J]. Neurocomputing, 2015, 148(1):

521-534.

[88] Das M, Thirumuruganathan S, Amer-Yahia S, et al. An expressive framework and efficient algorithms for the analysis of collaborative tagging[J]. The VLDB Journal, 2014, 23(2SI): 201-226.

[89] Cai Y, Li Q, Xie H, et al. Exploring personalized searches using tag-based user profiles and resource profiles in folksonomy[J]. Neural Netw, 2014, 58(1): 98-110.

[90] Golub K, Lykke M, Tudhope D. Enhancing social tagging with automated keywords from the Dewey Decimal Classification[J]. Journal of Documentation, 2014, 70(5): 801-828.

[91] 左美云, 许珂, 陈禹. 企业知识管理的内容框架研究[J]. 中国人民大学学报, 2003(5): 69-76.

[92] Arthur Andersen Business Consulting. 知识管理的第一本书[M]. 刘京伟, 译. 台北: 商周出版社, 2000.

[93] 维纳·艾莉, 刘民慧. 知识的进化[M]. 珠海：珠海出版社, 1998.

[94] 陈昆玉, 陈昆琼. 论企业知识协同[J]. 情报科学, 2002, 20(9): 986-989.

[95] 盖丽莎, 董洁. 我国区域高技术产业知识管理效率测度研究: 以江苏省为例[J]. 科技管理研究, 2013(21): 72-75.

[96] 刘敏, 刘汕. 我国高技术产业知识管理效率的测度分析[J]. 科技管理研究, 2015, 35(23): 142-144, 162.

[97] 迈克尔·波兰尼. 个人知识:迈向后批判哲学[M]. 许泽民, 译. 贵阳：贵州人民出版社, 2000.

[98] 黄荣怀, 郑兰琴. 隐性知识及其相关研究[J]. 开放教育研究, 2004(6): 49-52.

[99] Sternberg R J. Reply to the book review on practical intelligence in everyday life[J]. Intelligence, 2001, 30(1): 117-118.

[100] 张茹. 虚拟学习社区隐性知识获取与转化研究[D]. 曲阜：曲阜师范大学, 2015.

[101] 刘多兰. 隐性知识的发现与利用[J]. 情报杂志, 2005(10): 38-39.

[102] 郑邦坤. 隐性知识信息组织研究[J]. 情报杂志, 2004(7): 63-64.

[103] 王红. 基于行为科学的隐性知识挖掘与共享研究[J]. 图书情报工作, 2012(8): 118-122.

[104] 江新, 郑兰琴, 黄荣怀. 关于隐性知识的分类研究[J]. 开放教育研究, 2005, 11(1):28-31.

[105] Fayyad U, Uthurusamy R. Data mining and knowledge discovery in databases[J]. Australian & New Zealand Journal of Statistics, 2015, 41(3): 255-275.

[106] 白石磊，毛雪岷，王儒敬，等. 基于数据库和知识库的知识发现研究综述[J]. 广西师范大学学报: 自然科学版, 2003(1): 136-141.

[107] Marlow C, Naaman M, Boyd D, et al. HT06, tagging paper, taxonomy, Flickr, academic article, to read[C]//Seventeenth Conference on Hypertext and Hypermedia. Scotland: Edinburgh, 2006: 31-40.

[108] 邰杨芳，李芳芳，贺培风. 社会标注在医药卫生网络资源中的应用研究[J]. 数字图书馆论坛, 2014(8): 7-13.

[109] Wilson T D. Human Information Behavior[J]. Informing Science, 2000, 3(2): 49-56.

[110] 胡昌平. 信息服务与用户[M].武汉: 武汉大学出版社, 2008.

[111] 姚海燕，邓小昭. 网络用户信息行为研究概述[J]. 情报探索, 2010(2): 14-16.

[112] Eraut M. Non-formal learning, implicit learning and tacit knowledge[J]. Policy Press, 1999, 70(1): 12-31.

[113] 唐晓波，陈馥怡. 微信用户满意度影响因素模型及实证研究[J]. 情报杂志, 2015(6): 114-120.

[114] 孙丹. 基于用户信息行为的个性化知识服务研究[D]. 武汉：华中师范大学, 2012.

[115] 白劲波. 基于社会化标注的群体知识形成机理及机制研究[D]. 哈尔滨：哈尔滨工程大学, 2014.

[116] 刘中明. 复杂产品系统开发团队知识共享效率研究[D]. 杭州：浙江大学, 2007.

[117] 蒋天颖，白志欣. 企业知识转移效率评价研究[J]. 情报杂志, 2011, 30(3): 114-118.

[118] 张宝生，张庆普. 虚拟科技创新团队知识流动效率影响因素的实证研究[J]. 情报科学, 2016(2): 70-76.

[119] 胡平波. 网络组织中知识共享效率评价指标体系的建设[J]. 情报杂志, 2009(1): 68-71.

[120] 盛明科. 组织知识管理绩效评价指标体系设计研究[J]. 图书情报知识, 2007(3): 82-86.

[121] 马费成. 论情报学的基本原理及理论体系构建[J]. 情报学报, 2007, 26(1): 3-13.

[122] 严怡民. 情报学概论[M]. 武汉：武汉大学出版社, 1994.

[123] 李艳，贾君枝. 轻型标签本体与受控词表的结合研究[J]. 数字图书馆论坛, 2014(8): 14-20.

[124] 宋庭勇. 基于语义的中文短文本模糊谱聚类[D]. 上海：华东师范大学, 2015.

[125] 胡雷芳. 五种常用系统聚类分析方法及其比较[J]. 浙江统计, 2007(4): 11-13.

[126] 贾君枝，郜杨芳. FrameNet的语义类型研究[J]. 情报理论与实践, 2007, 30(5): 689-692.

[127] 魏来. 基于在线词表的folksonomy语义关联识别方法研究[J]. 图书情报工作, 2011, 55(5): 104-108.

[128] 贾君枝，段佳慧. 基于教育主题词表的Delicious中英文标签语义关系抽取[J]. 数字图书馆论坛, 2014(8): 2-6.

[129] 杨善林，王佳佳，代宝，等. 在线社交网络用户行为研究现状与展望[J]. 中国科学院院刊, 2015(2): 200-215.

[130] Dervin B. From the mind's eye of the user: The Sense-Making qualitative-quantitative methodology[M]. Glazier J D, Powell R R. Englewood, CO: Libraries Unlimited, 1992: 61-84.

[131] 邓小咏，李晓红. 网络环境下的用户信息行为探析[J]. 情报科学, 2008(12): 1810-1813.

[132] 张燕飞，李晓鹏. 信息服务产业化与信息资源共享[J]. 中国图书馆学报, 2000(6): 37-40.

[133] 宋彩萍，霍国庆. 信息组织论纲[J]. 中国图书馆学报, 1997(1): 20-22.

[134] 熊回香，邓敏，郭思源. 国外社会化标注系统中标签与本体结合研究综述[J]. 情报杂志, 2013(8): 136-141.

[135] Likert R. A technique for the measurement of attitudes[J]. Archives of Psychology, 1932, 22(140): 1-55.

[136] 刘继庆. 基于相关度和关联属性偏好的个性化推荐算法研究[D]. 大连：大连理工大学, 2011.

[137] 王丹丹. 基于用户使用实现关联文献推荐的实践与启示[J]. 情报资料工作, 2014(3): 80-84.

[138] 高连花. 基于社会化标签的个性化信息服务研究[D]. 武汉：华中师范大学, 2012.

[139] 田莹颖. 基于社会化标签系统的个性化信息推荐探讨[J]. 图书情报工作, 2010(1): 50-53.

[140] 张海燕，孟祥武. 基于社会标签的推荐系统研究[J]. 情报理论与实践, 2012(5): 103-106.

[141] 宋章浩. 基于Web浏览行为的用户兴趣模型研究[D]. 绵阳：西南科技大学, 2015.

[142] 易明，邓卫华. 基于标签的个性化信息推荐研究综述[J]. 情报理论与实践, 2011(3): 126-128.

[143] Charnes A, Cooper W W, Rhodes E. Measuring the efficiency of decision making units[J]. European Journal of Operational Research, 1978, 2(6): 429-444.

[144] 江兵，张承谦. 企业技术进步的DEA分析与实证研究[J]. 系统工程理论与实践, 2002(7): 65-70.

[145] 程晓娟. 资源、环境两维视角下区域生态效率DEA评价[J]. 当代经济管理, 2013, 35(2): 63-68.

[146] 张华，吕涛. 基于DEA及其改进模型的我国煤炭企业安全效率评价[J]. 煤炭经济研究, 2011(5): 49-53.

[147] 张婧. 基于因子分析与DEA模型的高校科研效率评价[J]. 统计与决策, 2015(2): 74-77.

[148] 杨坚争，郑碧霞，杨立钒. 基于因子分析的跨境电子商务评价指标体系研究[J]. 财贸经济, 2014(9): 94-102.

[149] 沈江建，龙文. 负产出在DEA模型中的处理: 基于软件DEAP的运用[C]. 合肥: 第十届中国管理学年会会议论集, 2015.

[150] 马占新，唐焕文. 关于DEA有效性在数据变换下的不变性[J]. 系统工程学报, 1999(2): 27-32.